C++编程无师自通

——信息学奥赛零基础教程

严开明　葛阳　徐景全　编著

中山大學出版社
SUN YAT-SEN UNIVERSITY PRESS
·广州·

图书出版编目（CIP）数据

C++ 编程无师自通：信息学奥赛零基础教程 / 严开明，葛阳，徐景全编著 . —广州：中山大学出版社，2019.12

ISBN 978-7-306-06796-8

Ⅰ. ①C… Ⅱ. ①严… ②葛… ③徐… Ⅲ. ①C++ 语言—程序设计—教材 Ⅳ. ①TP312.8

中国版本图书馆 CIP 数据核字（2019）第 292017 号

出 版 人：王天琪
策划编辑：黄浩佳
责任编辑：黄浩佳
封面设计：林绵华
装帧设计：林绵华
责任校对：廖丽玲
责任技编：何雅涛
出版发行：中山大学出版社
电　　话：编辑部 020-84111996, 84113349, 84111997, 84110779
　　　　　发行部 020-84111998, 84111981, 84111160
地　　址：广州市新港西路135号
邮　　编：510275　　　传　真：020-84036565
网　　址：http://www.zsup.com.cn　E-mail:zdcbs@mail.sysu.edu.cn
印 刷 者：佛山市浩文彩色印刷有限公司
规　　格：787mm×1092mm　1/16　9.25印张　220千字
版次印次：2019年12月第1版　2023年7月第3次印刷
定　　价：50.00元

前言

青少年为什么要学习程序设计呢？

因为程序改变世界，代码创造未来。

计算机、手机、网络里的各种功能的软件都是由程序组成的。会编程就可以把自己的想法实现，不需依赖其他人，随心所欲创造自己的软件，一个好点子，可以方便很多人，可以创造很多经济社会效益，甚至可以改变整个世界（例如人脸识别等人工智能应用），推动世界的发展。

我国计算机程序设计教育源于1984年，“计算机从娃娃做起”的定位，拉开了在我国青少年中普及计算机程序设计学习的序幕。

近年，国家制定了人工智能发展计划，下定决心要在人工智能上领先国际水平，在科技上不受制于外国。这需要大批懂程序设计的人才。现在我国在大、中、小学都开设了程序设计课程，学习程序设计既是建设科技强国的需要，也是我们这一代青少年肩上沉甸甸的责任。

随着科技的高速发展，大部分行业都与计算机、人工智能相结合，用计算机来处理大数据、分析问题、解决问题。即使青少年朋友以后不一定直接从事IT行业，不直接从事程序设计的相关工作，也离不开与计算机打交道。了解程序设计原理，学习程序设计知识，能锻炼培养逻辑思维、提升计算思维能力，提高个人综合素质，帮助我们学习这个数字化世界的科技原理，理解这个日新月异的人工智能时代。青少年学习编程不只是为了掌握代码，掌握编程技能本身，更是通过编程来学习、理解、改变这个世界。

C++程序设计语言是目前流行的编程语言之一，语法灵活，博大精深，市面很多教程都是从大而全的角度来讲授，对于初学者而言，语法过于繁杂导致入门门槛较高。本书在作者20多年青少年信息学奥赛教学经验上，尝试从零基础初学者第一次学习计算机语言的认知角度出发，不追求大而全，选取适合零基础学习的经典例题、习题，讲述 C++ 程序设计语言的最常用语法，并且以小课的方式分散语法难点，突出重点。

本书着重学习能力的培养，尝试探索以青少年读者日常学习、生活中的问题、故事、所见所闻为引子，引导读者思考提出问题，并以项目学习的方式，鼓励读者结合视频教程自主学习、探究，逐步形成解决问题的方案。有些地方只是提出方法和方向，供学有余力的读者进一步探索。

本书强调总结反思，每节课后要求“跟同学、家里人交流一下，通过这节课的学习，你学会解决什么问题，从中学到了用计算机解决问题的什么思想方法。”这是因为反思总结和向他人陈述自己所学是“学习金字塔”提倡的效率较高的学习方法。

本书配套有视频微课教程及练习题库，“深入探究”的编程习题可在练习题库网站提交，是国家“万人计划”教学名师严开明工作室团队（徐景全、葛阳、梁靖韵）回报社会的力作，适合小学四年级及以上程序设计零基础初学者学习。本书可作为各种程序设计等级考试 C++ 语言的入门学习教材，也可作为全国青少年信息学奥赛普及入门教材。

视频微课教程及练习题库地址可在“严开明知新工作室”微信公众号的“无师自通”栏目获取。由于时间和水平所限，难免存在不足和错误之处，欢迎读者批评指正。

扫一扫添加
关注公众号

目录
CONTENTS

第一章　程序设计基础知识　1

第 1 课　乐乐的梦想——怎样用计算机解决问题　2
第 2 课　先利其器——Dev C++ 安装　7
第 3 课　“抓臭虫”——程序错误原因和调试方法　10

第二章　顺序结构　15

第 1 课　暑假计划表——顺序结构　16
第 2 课　“蝴蝶效应”——实型数据处理　28
第 3 课　字符的学号——字符型数据处理　34

第三章　选择结构　39

第 1 课　学校的人脸识别——选择结构　40
第 2 课　8 岁才第一次过生日——逻辑运算　47
第 3 课　快递费计算——选择嵌套　51

第四章　循环结构　57

第 1 课　万少爷的书法——for 语句　58
第 2 课　加密的秘密——素数判定　65

第 3 课　神秘的生日礼物——for 循环嵌套　69

第 4 课　破解玛雅文明——穷举法　77

第 5 课　取快递的波折——while 语句　81

第 6 课　小学生的抱怨——不定项输入　85

第 7 课　皇帝的奖励——辗转相除法　90

第五章　数组　95

第 1 课　寻找失主——一维数组　96

第 2 课　人机对战——二维数组　102

第 3 课　智破盗窃案——字符串　109

第 4 课　改错好帮手——字符串常用函数　114

第六章　函数递归　121

第 1 课　大事化小——函数　122

第 2 课　兔子王国——递推　128

第 3 课　汉诺塔——递归　133

第 4 课　大数据时代——文件　140

第一章
程序设计基础知识

第 1 课　乐乐的梦想

——怎样用计算机解决问题

乐乐的老师用 PPT 软件制作课件上课，用表格软件处理成绩；乐乐的同学用计算机、手机上网络课程、玩游戏；乐乐的爸爸妈妈使用各种 APP 应用，用微信刷朋友圈；等等。这些软件、游戏解决了人们各种日常生活、工作、学习问题，满足了人们娱乐交流的需求。但是，乐乐一直很困惑，这些软件、程序是怎么做出来的呢？要懂些什么才能将它们编出来呢？乐乐也想做一个软件（游戏、APP），如果让世界上更多的人能用上他编出来的软件，那将是一件多么开心、有成就感的事啊。

为了了解计算机解决问题的过程，乐乐制订了学习探究活动计划，见表 1–1。

表 1–1　学习探究活动计划

探究内容	学习笔记	完成时间
用计算机解决问题的过程		
算法描述的方法		

根据学习计划的安排，通过观看视频、阅读课本等，开展学习探究。

学习探究

1 用计算机解决问题的过程

目前，有许多现成的通用工具软件（或 APP）可以帮助我们解决问题，例如用 WPS 系列软件进行文字处理和表格数据处理，用画图软件画画，用 PhotoShop 软件进行图片处理，等等。但对于一些问题，可能没有现成的软件（程序）可以帮我们解决，需要我们自己编程来解决。用计算机解决问题，是把未知解决方案的问题逐步转化为已知解决方法的问题，通过计算机程序来解决。用编程来解决问题的过程通常包含以下四个环节：

（1）分析问题。提取问题中各条件的关系，建立相应的数学关系或模型。

（2）设计算法。寻找求解的方法，确定求解的具体步骤。

（3）编写程序。把算法转化为计算机语言，这需要我们掌握一门程序设计语言。

（4）调试程序。通过调试程序发现程序中隐藏的错误并修正。如果运行过程发现程序不可行（例如答案错误、超时、通用性不强等），那么可能需要重新分析问题、设计算法、修改程序。

2 算法的描述

用计算机编程解决问题的过程，很重要的一步是设计算法。什么是算法呢？算法是解决问题过程所需的有限步骤。算法的每一个步骤都必须是可以执行的，执行顺序是确定的，而且能在有限步骤内执行完毕。可以用自然语言、流程图等方法描述算法。

例 1 狼羊菜游戏问题。农夫需要把狼、羊、菜和自己运到河对岸去，只有农夫能够划船，而且船很小，除农夫之外每次只能运一种东西。如果没有农夫看着，羊会偷吃菜，狼会吃羊。请设计渡河方案，让农夫能够安全地把这些东西运过河。

用自然语言描述的算法可以这样写：

- 第 1 步：农夫带羊过河
- 第 2 步：农夫返回
- 第 3 步：农夫带狼过河
- 第 4 步：农夫带羊返回
- 第 5 步：农夫带菜过河

- 第 6 步：农夫返回
- 第 7 步：农夫带羊过河

这是不是跟我们日常思考的过程是一样的呢?

思考探究

农夫还有没有其他渡河方案? 怎样才能把所有可能的方案列出来?

例 2　擂台赛问题。乐乐看过一本书，东南西北有 8 个人，他们素未谋面，在网上都号称自己剑术天下第一，谁都不服谁。那到底谁是第一呢? 有一天他们决定见面进行一场友谊赛，以打擂比武形式进行。他们是怎样打擂台赛的呢? 首先给每个人编了号，1 号选手先上台，然后 2 号选手上台与 1 号选手比武，胜者留在台上继续接受挑战，后面选手按编号依次上台挑战胜者，最后一个留在台上的就是擂主。

我们用图 1–1 的流程图来描述上述问题的算法。

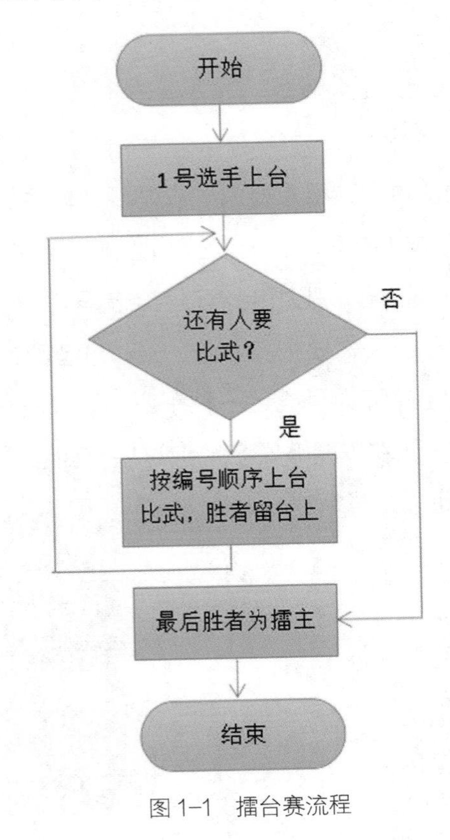

图 1–1　擂台赛流程

流程图是描述算法的常用方法。一般流程图中，常用图形表示相应的功能，见表 1-2。

表 1-2 流程图常用表示方法

图　形	功　能
	开始或结束
	判断条件是否成立
	执行过程
	输入或输出
	下一步指向

1 请用自然语言或流程图方法描述以下问题的算法。

（1）求两个正整数的最大公约数。

（2）判断一个数是否素数。

（3）帮老师统计考试成绩，计算各科平均分。

（4）最短泡茶时间。洗水壶需要 1 分钟，洗茶壶需要 1 分钟，洗茶杯需要 1 分钟，拿茶叶需要 2 分钟，烧开水需要 15 分钟。最短需要多少时间才能泡好茶？

2 生活、学习中还有哪些问题，需要预先设计好算法？

交流评价

跟同学、家里人交流一下，通过这节课的学习，你学会解决什么问题，从中学到了用计算机解决问题的什么思想方法。

提示：（1）用计算机编写程序解决问题的四个环节。

（2）描述算法的方法。

第2课　先利其器

——Dev C++ 安装

要用程序指挥计算机工作，人必须懂计算机语言，不然就像“鸡和鸭讲话”一样，无法沟通。计算机有很多语言。有些人能懂几种语言，例如乐乐听说他的信息技术老师懂 C++、Pascal、Delphi、Python、VB、Scratch、APPInventor 等计算机语言。工欲善其事，必先利其器。乐乐应该选择学什么语言？

为了了解、选择计算机语言，乐乐制订了学习探究活动计划，见表 1-3。

表 1-3　学习探究活动计划

探究内容	学习笔记	完成时间
流行的程序设计语言		
Dev C++ 的下载、安装、设置		

根据学习计划的安排，通过观看视频、阅读课本等，开展学习探究。

学习探究

1 目前流行的程序设计语言有哪些?

尝试打开浏览器，搜索目前流行的程序设计语言有哪些。C++、C、JAVA、Pascal、Delphi、Python、VB、Scratch、APPInventor 这些语言各自有什么特点?

随着计算机硬件、软件的发展，科学家们不断推出新的计算机语言，不同语言的用途和擅长的领域也各有不同，有些擅长数据库处理，有些擅长网页开发，有些擅长应用程序开发。尽管当前流行的计算机语言有很多，但各种语言的原理都是差不多的，只是语法稍有不同而已，因此计算机语言一理通，百理融。学会一种语言，将来学其他语言也只是换一下语法形式，补一些相应的知识，会学得很快的。

C++ 是比较主流的语言之一。随着今后我们学习、工作的需要，其他有趣的语言，都会慢慢进入我们的视野。目前全国青少年信息学竞赛（程序设计竞赛）选择的都是 C++ 语言，因此本书以 C++ 为主要载体讲授。

2 Dev C++ 的安装

C++ 程序的扩展名是“.cpp”，程序文件本身可以用记事本 notepad 打开编写修改，但因为用记事本不方便查错、调试、编译，所以人们通常使用 Dev C++ 这个软件。

Dev C++ 是一个 Windows 环境下的适合初学者使用的 C/C++ 集成开发环境 (IDE)，它是一款自由软件。

Dev C++ 在工程编辑器中集合了编辑器、编译器、连接程序和执行程序，提供高亮度语法显示，以减少编辑错误，还有完善的调试功能，方便人们对 C++ 程序进行编辑和调试编译，是 C 或 C++ 初学者的常用开发工具。

图 1-2　Dev C++ 图标

（1）软件下载。

方法 1：可以上网搜索“Dev C++ 下载”等关键词，从网上下载。注意下载时候的安全。

方法 2：可以在以下地址下载：www.gz6hs.cn/lzoi/dc.rar。

（2）安装。

下载解压后安装即可。如果安装过程没有留意切换为“中文”，可以在 Dev C++ 中进行以下操作：【工具 /tools】—【环境选项 /Environment options】—切换【语言 /language】为中文。

具体可以参看视频教程。

交流评价

跟同学、家里人交流一下，通过这节课的学习，你学会解决什么问题，从中学到了用计算机解决问题的什么思想方法。

提示：（1）流行的程序设计语言。

（2）Dev C++下载、安装、设置方法。

第3课 “抓臭虫”

——程序错误原因和调试方法

图 1-3 早期的计算机

20世纪中期的计算机如房子一般大。一天，一位计算机科学家在调试程序时发现了故障，她钻进计算机后，发现有只飞蛾被夹扁在继电器（一种电子设备）触点中间，从而“卡”住了机器的运行。于是，她诙谐地把程序故障统称为“臭虫”(bug)，把排除程序故障叫“抓臭虫”(debug)。这特别的“称呼”，成为后来计算机领域的专业术语。

乐乐看到这个故事就乐了。现在计算机早已用大规模集成电路了，还会有“臭虫”吗?它们又是怎样出现的?人们是怎样“抓臭虫”的呢?

学习计划

为了学习“抓臭虫”，乐乐制订了学习探究活动计划，见表1-4。

表1-4 学习探究活动计划

探究内容	学习笔记	完成时间
程序错误的原因		
程序调试方法		

根据学习计划的安排，通过观看视频、阅读课本等，开展学习探究。

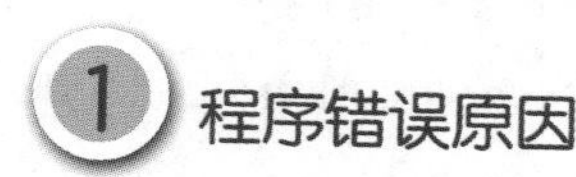

1 程序错误原因

C++ 是一种编译型的高级语言，需要把源程序在执行前翻译成等效的机器语言程序，再连接生成可执行文件（扩展名是 .exe）。因为程序设计是人们把解决问题的步骤按照计算机语言的语法规则转换为程序，所以往往会出现语法错误、语义错误。

（1）语法错误

什么是语法错误？在编译过程中，计算机首先会检查语法，如果程序不符合它的语法规则，编译器不能理解，无法执行，就会报错。Dev C++ 的编译器会提示出错的地方（在程序第几行第几列）和错误原因，如图 1-4 所示，下方为错误提示，第一个错误为第 6 行第 2 列“‘cin’ was not declared in this scope”，第二个错误为第 6 行第 10 列“‘b’ was not declared in this scope”。

```
1  #include<cstdio>
2  using namespace std;
3  main()
4  {
5      int a;
6      cin>>a>>b;
7      if (a>=b) cout<<a;
8      else
9  }
```

行	列	单元	信息
		D:\我的文档\cpp\1008.cpp	In function 'int main()':
6	2	D:\我的文档\cpp\1008.cpp	[Error] 'cin' was not declared in this scope
6	10	D:\我的文档\cpp\1008.cpp	[Error] 'b' was not declared in this scope
7	12	D:\我的文档\cpp\1008.cpp	[Error] 'cout' was not declared in this scope
9	1	D:\我的文档\cpp\1008.cpp	[Error] expected primary-expression before '}' token
9	1	D:\我的文档\cpp\1008.cpp	[Error] expected ';' before '}' token

图 1-4　错误提示

初学者常见的语法错误提示信息及错误原因见表 1-5（参考图 1-4）。

表 1-5　Dev C++ 常见语法错误提示信息及错误原因

错误提示	错误原因
‘cin’ was not declared in this scope	变量 cin 需要使用 iostream 库
‘b’ was not declared in this scope	变量 b 没有定义
expected ‘;’ before ‘}’ token	‘}’ 前缺少表达式（本例为 else 不完整）
expected primary-expression before ‘}’token	‘}’ 前漏分号

解决办法：根据下方的提示，仔细检查相应的程序位置的语法，逐个排查错误。不要惧怕英文，如果单词不认识，可以搜索一下。

如果程序语法编译成功，就会在窗口下方显示信息："Compilation succeeded in ×.×× seconds."

（2）语义错误

语义错误是指程序算法错误或逻辑上有错误，导致程序运行结果不对。

（3）本书的练习题可在网站提交，初学者常见问题如下：

问：为什么在自己机器运行是对的，提交却是错的？

答：（1）请在 Dev C++ 中调试好程序，能正确运行，再复制程序代码到提交窗口提交，语言选 C++。

（2）仔细审题，看清楚题目输出要求和输出样例，输出的内容和格式是什么。例如：温度转换，题目要求输出格式和内容是"C=×××.××"。如果你不按照规定格式输出，例如没有输出"C="，或者"C"是小写，或者没有保留 2 位小数，或者自己随便输出"摄氏度 =×××"，等等，都会判"答案错误"。

问：为什么运行出了样例结果，提交却是错的？

答：过了题目给出的样例，只是对了样例的数据。程序提交到在线评测网站后，网站后台还有很多数据在自动测试你的程序，查看你的程序是否都能正确解决。如果有一个答案错误，就会返回"答案错误"。此时请思考你的程序有哪些漏洞，看哪里需要改进。

问：什么是【答案错误 75%】？

答：程序提交到网站后，网站后台还有很多数据在自动测试你的程序。你提交的程序只通过了其中 25% 的数据，而有 75% 的数据不通过，你的程序输出的结果是错误的。此时请思考你的程序有哪些漏洞，看哪里需要改进。

2 程序调试方法

程序调试是在程序提交（或实际应用）前进行测试，把程序的语法错误、语义错误找出来并修正。调试过程可以培养细心、耐心，锻炼缜密思考能力，提高逻辑推理能力。程序调试也是有技巧的，有以下三种常用方法：

（1）静态查错。

与我们平时写完作业需要检查一样，写完程序也需要检查。静态查错是从头到尾审视检查程序来查错的过程，我们可以通过默读的方式，把程序看一次，给自己解释程序段为什么这么写，这可以帮助我们排查输入程序时候的各种语法错误、语义错误（例如判断条件有没有写错、写漏等）。

（2）输出中间变量值。

有一些语义错误比较隐蔽不容易发现，我们可以把程序分成若干个小模块（例如输入、处理、输出等），通过输出某一些模块中间的变量的值的方法，比对程序输出与实际值的情况，来推理排查错误所在的模块（或程序段）。注意，在提交程序时，需要把这些中间输出的语句删除或者将其改为注释。

（3）跟踪调试。

Dev C++ 软件自带有调试功能，跟踪调试步骤如下：

①在【工具】—【编译器选项】中设定“产生调试信息”，如图 1-5 所示。

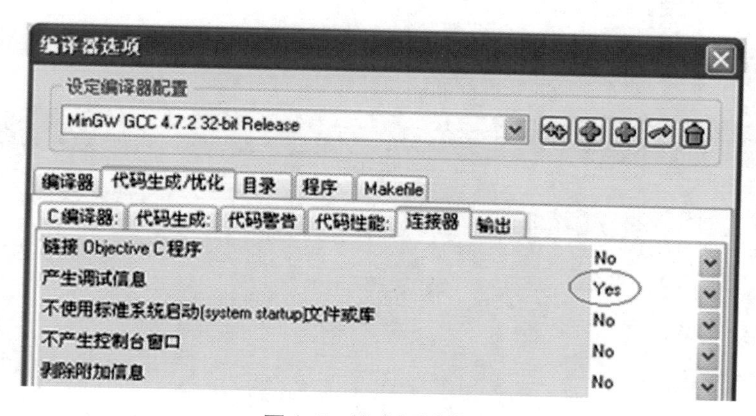

图 1-5　设定调试信息

②添加要查看的变量。

③在代码中设置断点（点击某程序行的最前面，该程序行变为红色，再点一下取消）。

④用跟踪的方法（如【下一步】、【单步进入】等）跟踪程序执行过程，比对相应的变量值的变化与我们期待值的差异，从而发现错误原因，如图 1-6 所示。

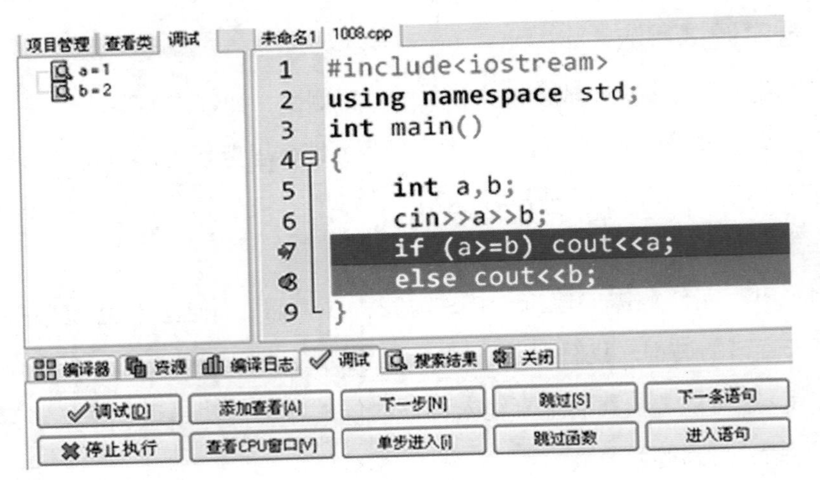

图 1-6 调试窗口

交流评价

跟同学、家里人交流一下，通过这节课的学习，你学会解决什么问题，从中学到了用计算机解决问题的什么思想方法。

提示：（1）程序错误的两种原因。

（2）程序调试方法。

第二章
顺序结构

第1课　暑假计划表

——顺序结构

暑假快到了，妈妈为乐乐制订了一个生活学习计划表，要求按计划做完一件事情再做另一件事情，希望乐乐每天都过得井然有序。

乐乐向妈妈提出每天要有一个小时看电视或玩游戏的娱乐时间，妈妈答应了，允许乐乐自行重新制订计划表，但用餐时间不能改变，学习时间不能减少，各项事情仍需顺序执行。

在制订计划表时，乐乐想，如果要计算机按顺序完成系列任务，是否也要事先给它制订计划表呢？

暑假生活学习计划表	
7:00–8:00	起床　早餐
8:00–12:00	兴趣班学习
12:00–14:00	午餐　午休
14:00–17:00	暑假作业
17:00–18:00	体育锻炼
18:00–19:00	晚餐
19:00–21:00	兴趣阅读
21:00	休息

为了掌握顺序结构的相关知识，乐乐制订了学习探究活动计划，见表 2–1。

表 2–1　“顺序结构”学习探究活动计划

探究内容	学习笔记	完成时间
顺序结构		
C++ 程序基本框架		

续表 2-1

探究内容	学习笔记	完成时间
cin、cout 语句		
变量		
赋值语句		
基本算术运算符		

根据学习计划的安排，通过观看视频、阅读课本等，开展学习探究。

知识学习

再复杂的程序，都由 3 种基本结构组成：顺序结构、分支结构、循环结构。下面我们学习顺序结构。

1 顺序结构

在程序设计中，顺序结构是最简单且最常用的程序结构，它的执行顺序是自上而下，依次执行。顺序结构执行流程如图 2-1 所示。

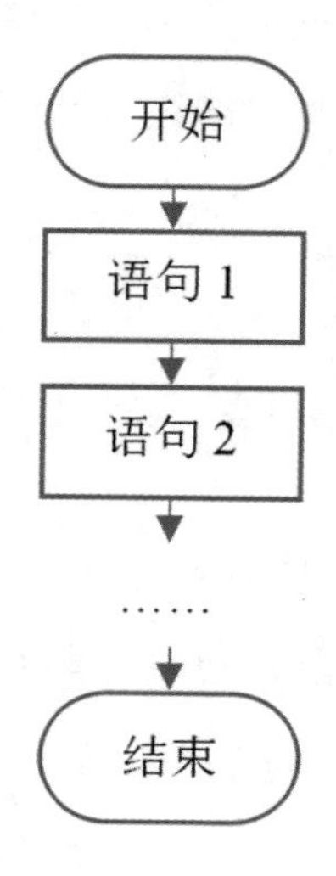

图 2-1　顺序结构执行流程

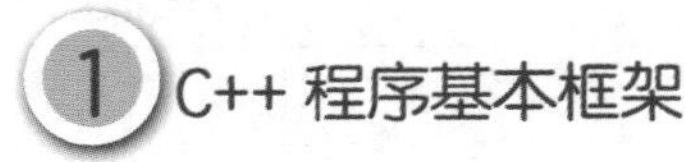

1 C++ 程序基本框架

```
#include<iostream>                用到的头文件列表，这里包含头文件 <iostream>
using namespace std;              使用名字空间 std
int main()
{
                                  主函数
    return 0;
}
```

说明：

#include 指明使用哪些头文件，而头文件是包含功能函数、数据接口声明的文件，如 iostream 就是输入输出流的标准头文件。头文件要用“<>”括起来。

在使用 iostream 时，需要添加语句“using namespace std”，即使用名字空间 std，这样才能正确使用 cout、cin 和 endl 等标识符（标识符是用户编程时使用的名字，常用标识符后面将介绍）。

主函数以 int main() 为标识，函数中所有语句都用“{}”括起来，程序都是从主函数中的第一条语句开始执行，遇到“return 0;”程序正常退出。

除注释外，C++ 程序中所有的字母、字符、标点符号都必须在英文状态下输入。

2 cout 输出语句

输出就是计算机把它想说的告诉我们，常用方法是将输出内容在显示器屏幕上显示，就像我们把想说的话写在纸上。

cout 语句作用是将“<<”后的内容送到输出设备（默认是显示器屏幕）上。使用 cout 语句必须包含头文件 iostream。

cout 语句格式：

cout<< 输出项 1<< 输出项 2<<……<< 输出项 n;

例如：

- cout<<"Hello!";

若输出项加引号，则输出引号内的内容，此句输出“Hello!”字样。

- cout<<1+2;

若输出项是表达式，则输出表达式的值，此句输出 3。

- cout<<"1+2= "<<1+2;

输出两项，此句输出 1+2=3。

例程学习

例 1　在屏幕上输出“Hello!”。

参考程序

```
1 #include<iostream>
2 using namespace std;
3 int main()
4 {
5     cout<<"Hello!";
6     return 0;
7 }
```

例 2　在屏幕上显示以下图形。

```
 ***
*      *   *
*     *** ***
*      *   *
 ***
```

参考程序

```
1  #include<iostream>
2  using namespace std;
3  int main()
4  {
5      cout<<" ***          "<<endl;
6      cout<<"*      *   * "<<endl;
7      cout<<"*     *** ***"<<endl;
8      cout<<"*      *   * "<<endl;
9      cout<<" ***          "<<endl;
10     return 0;
11 }
```

说明：endl 是换行控制符，与 cout 搭配使用，表示让光标换行。

语法学习

变量

计算机是用存储器来存放数据的，存储器就像一幢大楼，大楼里有很多间小房子，计算机把要记住的数据放在小房子里。在程序设计中，变量相当于用来存放数据的小房子，一个变量只能存放一个数据，通过变量名可以读取数据，也可以修改数据。

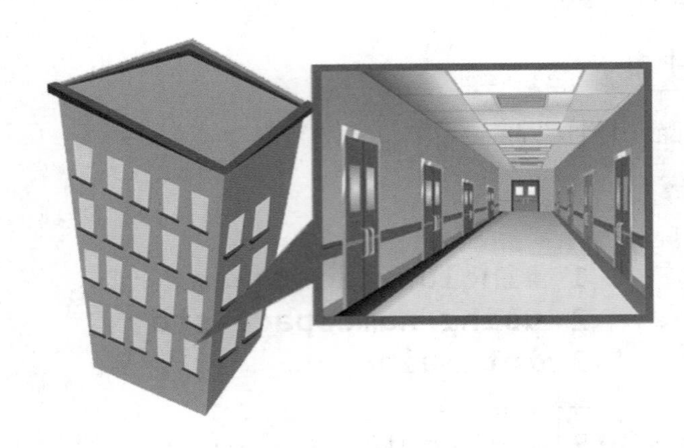

变量在使用之前必须先定义，告诉计算机在内存中开辟一个存储空间。

变量定义格式：

类型标识符 变量名 1, 变量名 2,…, 变量名 n;

例如：

```
int a,b;            // 定义整型变量 a 和 b
double x,y;         // 定义双精度实型变量 x 和 y
```

变量名必须遵守标识符的命名规则，在 C++ 语言中，标识符有大小写区别，只能由字母或下划线“_”开头，后面加上数字或字母，且不能和系统中的关键字同名。如 A，b，c1，day，_age 是合法的标识符。

“//”后的句子是对程序语句的注释，输入程序是可以不录入。

数据类型

不同类型的数据占用不同大小的存储空间，计算机会根据变量定义时使用的数据类型开辟相应大小的存储空间。

C++ 语言中常用的数据类型见表 2-2。

表 2-2　常用的数据类型

数据类型	类型标识符	取值范围
整型	int	−2147483648~2147483647
超长整型	long long	-2^{63}~$2^{63}-1$
单精度实型	float	-3.4×10^{38} ~ 3.4×10^{38}（有效位数：6~7）
双精度实型	double	-1.7×10^{308} ~ 1.7×10^{308}（有效位数：15~16 位）
字符型	char	−128~127
布尔型	bool	0 或 1

3 cin 输入语句

cin 语句让计算机将从输入设备（如键盘）获取的内容赋值给“>>”右边的变量。cin 和 cout 一样，使用前必须包含头文件 iostream。

cin 语句格式：

cin>> 变量名 1>> 变量名 2>>……>> 变量名 *n*;

例如：

cin>>a>>b;

从键盘输入 10 和 20，两数用空格隔开，输入完毕后按回车键，则 *a* 的值为 10，*b* 的值为 20。

4 赋值语句

在 C++ 语言中，“=”称作赋值运算符，赋值语句功能是先计算“=”右边表达式的值，再赋值给“=”左边的变量。

赋值语句格式：

变量 = 表达式；

例如：

a=10+20;

结果是 *a* 的值为 30。

10=a;

这样写是“语法错误”的。

例程学习

例 3 妈妈的岁数

已知乐乐今年 a 岁，妈妈比乐乐大 b 岁，求妈妈的岁数。

输入：两个整数，空格隔开，表示 a 和 b。

输出：一个整数，表示妈妈的岁数。

输入样例：

10 22

输出样例：

32

问题分析

$a+b$ 的值就是妈妈的岁数。

参考程序

```
1  #include<iostream>
2  using namespace std;
3  int main()
4  {
5      int a,b,c;
6      cin>>a>>b;
7      c=a+b;
8      cout<<c<<endl;
9      return 0;
10 }
```

例 4 乐乐的恶作剧

厨房里有多个装有酱油的瓶子，瓶 a 装有生抽，瓶 b 装有老抽，乐乐想将两个瓶子里的酱油交换，怎样交换呢?

输入：一行两个整数，表示瓶 a 和瓶 b 装有酱油的毫升数。

输出：一行两个整数，表示瓶 a 和瓶 b 交换酱油后的毫升数。

输入样例：

40 55

输出样例：

55 40

问题分析

可以借助空瓶 c，先将瓶 a 的生抽倒进瓶 c，再将瓶 b 的老抽倒进瓶 a，最后将瓶 c 的生抽倒进瓶 b。

参考程序

```
1  #include<iostream>
2  using namespace std;
3  int main()
4  {
5      int a,b,c;
6      cin>>a>>b;
7      c=a;
8      a=b;
9      b=c;
10     cout<<a<<" "<<b<<endl;
11     return 0;
12 }
```

注意：“c=a”意为把 *a* 的值赋值给 *c*，不要写成“a=c”。

语法学习

1 算术运算符

加法、减法、乘法和除法四种运算我们称之为算术运算。C++ 语言中还拓展了其他一些运算，见表 2-3，列举了 C++ 语言的基本算术运算符及其使用方法。

表 2-3　基本算术运算符

运算符	含义	说明	例子
+	加法	加法运算	1+5=6

续表 2-3

运算符	含义	说明	例子
-	减法	减法运算	10-2=8
*	乘法	乘法运算	2*5=10
/	除法	两个操作数都是整型，结果是整型 其中一个操作数是实型，结果是实型	5/2=2 5/2.0=2.5 5.0/2=2.5 5.0/2.0=2.5
%	求余	两个整数相除的余数	5%2=1

++	自加	变量自加 1
		i++ 是在使用 i 后，i 的值加 1
		++i 是在使用 i 前，i 的值加 1
			int x,y=10;
			x=y++; //x 的值为 10，y 的值为 11
			x=++y; //x 的值为 12，y 的值为 12

--	自减	变量自减 1
		i-- 是在使用 i 后，i 的值减 1
		--i 是在使用 i 前，i 的值减 1
			int x,y=10;
			x=y--; //x 的值为 10，y 的值为 9
			x=--y; //x 的值为 8，y 的值为 8

特别注意："/" 的运算规则，如 5/2=2；5.0/2=2.5。

2 运算简写

在 C++ 语言中，一些基本算术运算可以使用简写，见表 2-4。

表 2-4 运算简写

简写	含义
a+=b	a=a+b
a-=b	a=a-b
a*=b	a=a*b
a/=b	a=a/b
a%=b	a=a%b

例程学习

例 5 小区健身场

乐乐家所在小区有一个户外健身场，场内设有各类健身设施，是小区居民休闲娱乐的好地方。健身场占地呈长方形，长 20 米，宽 10 米，试求健身场的周长和面积分别是多少。

参考程序

```
1  #include<iostream>
2  using namespace std;
3  int main()
4  {
5      int a,b,c,s;
6      a=20;
7      b=10;
8      c=(a+b)*2;  //计算周长c
9      s=a*b;      //计算面积s
10     cout<<c<<" "<<s<<endl;
11     return 0;
12 }
```

运行结果：

60 200

例6 剩余时间

乐乐最近迷上了一部电影，主角在某次特别任务中，要求在规定的时间内拯救人质，随着剩余时间的分钟数越少，故事情节越为紧张。由于电影镜头显示的剩余时间是分钟形式，乐乐每次看到都要进行一番换算，将分钟数转化为小时数和分钟数。若用程序实现转化，应该怎么做呢?

输入：一个整数，表示分钟数。

输出：按样例格式输出换算后的时间。

输入样例：

400

输出样例：

6 小时 40 分钟

问题分析

1 小时等于 60 分钟，用总分钟数除以 60，得到的商就是小时数，余数就是分钟数。

参考程序

```
#include<iostream>
using namespace std;
int main()
{
    int n,h,m;
    cin>>n;
    h=n/60;  //求小时数
    m=n%60;  //求分钟数
    cout<<h<<"小时"<<m<<"分钟"<<endl;
    return 0;
}
```

备注：习题可在本书配套的练习题库网站提交。

1 数字变形

数字也想像金刚一样能变形。一个三位整数，希望变成百位数与个位数对调后的数，请你编写一个程序，帮助数字实现变形。

输入：一个三位整数。

输出：变形后的数字。

样例输入：

123

样例输出：

321

2 数字求和

输入一个三位数，输出各位数字之和。

输入：一个三位数。

输出：各位数字之和。

样例输入：

123

样例输出：

6

3 图书分发

六一儿童节到了，班主任老师买了m本图书，现在要平均分给n个同学，每人能分得几本？还剩几本？

输入：两个整数，空格隔开，表示m和n。

输出：两个整数，空格隔开，表示每人分得的数量和剩余的数量。

样例输入：

30 7

样例输出：

4 2

4 收集松果

松鼠们准备收集1000个松果过冬，它们每天能收集50个松果，请你编程帮松鼠们算一算n天后，它们还需要收集多少个松果。

输入：一个整数n。

输出：还需要收集的松果数量。

样例输入：

10

样例输出：

500

交流评价

跟同学、家里人交流一下，通过这节课的学习，你学会解决什么问题，从中学到了用计算机解决问题的什么思想方法。

提示：（1）顺序结构程序特点。

（2）输入输出语句的使用方法。

（3）使用算术运算对数据进行处理。

第2课 “蝴蝶效应”
——实型数据处理

20世纪60年代，著名气象学家洛伦兹用计算机求解仿真地球大气的13个方程式，目的是提高长期天气预报的准确性。但是，那个年代的计算机运行速度很慢，“一次仿真”需要等十几个小时才有结果，一旦计算机死机，所有计算都要重新做。

于是洛仑兹把计算过程分成两步，做完第一步把中间结果抄下来再次输入到计算机里做第二步计算。万一计算机在第二步死机了，还可以直接从第一步的结果出发重做计算。分两步仿真得到结果后，他还是不放心，重新做“一次仿真”，最后令人惊讶的是，两步仿真的结果与一次仿真完的结果有很大的差异。是什么原因导致差异?

原来，中间结果的小数位数太多，洛仑兹就把数据小数点后四位进行了四舍五入，如0.506127，将精度降为0.5061再输入到计算机。随着计算不断推移，一个微小的误差会造成巨大的误差。后来，他发表了题为《可预测性：巴西一只蝴蝶扇动翅膀，能否在得克萨斯州掀起一场龙卷风》的演讲，这就是著名的“蝴蝶效应”的由来。

乐乐想，输入数据的精度不同，计算输出的结果就会不同，那么计算机是如何处理实数的呢?

为了掌握实型数据处理的相关知识，乐乐制订了学习探究活动计划，见表 2-5。

表 2-5 “实型数据处理”学习探究活动计划

探究内容	学习笔记	完成时间
实型数据的运算		
使用 printf 函数输出实型数据		

根据学习计划的安排，通过观看视频、阅读课本等，开展学习探究。

1 实型

实型是常用的数据类型，用来存储实数（有小数部分的数），如 5.0、3.1415926 等。

2 双精度实型

实型有单精度（float)、双精度（double）和长双精度（long double）型。推荐使用的是双精度（double）型，另外，整型数据和实型数据进行混合运算，得到的结果是实型数据，如 5/2=2，5/2.0=2.5。

3 printf 函数

printf 是格式化输出函数，能按指定的格式输出值。使用 printf 函数必须包含头文件 cstdio。

printf 函数格式：

printf(“格式控制部分”，输出列表）;

其中，格式控制部分包含格式说明（以 % 开头的格式字符）和需要原样输出的字符。

常用的格式字符见表 2-6。

表 2-6　常用格式字符

格式字符	说　明
%d	输出整型数据
%lld	输出超长整型数据
%c	输出字符型数据
%lf	输出双精度实型数据，默认 6 位小数
%m.nlf	输出双精度实型数据，总位数 m，小数 n 位

输出列表是指需要输出的一组数据，数据间用“,”分开。注意，格式说明中的各格式字符和输出列表中的各项在数量和类型上要一一对应。

例如：

int a=5;

double b=1.234567;

printf("a=%d b=%0.3lf",a,b); //%d 对应输出列表的 a，%0.3lf 对应输出列表的 b，其中 b=0.3lf 表示整数部分不变，小数部分通过四舍五入保留 3 位小数。

运行结果：

a=5 b=1.235

\n 换行符

“\n” 在 printf 函数中的格式控制部分中出现，实现输出换行。

例程学习

例 1　长方形变正方形

乐乐用一根铁丝可以围成一个长 n 厘米，宽 m 厘米的长方形。如果把这根铁丝改围成一个正方形，这个正方形的边长和面积各是多少?(保留 2 位小数)

输入：一行两个数 n 和 m。

输出：两行，按样例格式输出正方形的边长和面积。

输入样例：

3.6 5.8

输出样例：

边长 =4.70

面积 =22.09

参考程序

```
1  #include<iostream>
2  #include<cstdio>
3  using namespace std;
4  int main()
5  {
6      double n,m,a,s;
7      cin>>n>>m;
8      a=(n+m)/2;     //求正方形边长
9      s=a*a;         //求正方形面积
10     printf("边长=%0.2lf\n",a);
11     printf("面积=%0.2lf\n",s);
12     return 0;
13 }
```

例 2　求三角形面积

传说古代的叙拉古国王海伦二世发现了利用三角形的三条边长来求三角形面积的公式。已知△ABC 中的三边长分别为 a, b, c，求△ABC 的面积，保留小数点后 2 位。

输入：一行三个数，表示三角形的三条边长。

输出：一个数，表示三角形的面积。

样例输入：

3 4 5

样例输出：

6.00

问题分析

可以使用海伦公式 $S=\sqrt{p(p-a)(p-b)(p-c)}$，其中 $p=(a+b+c)/2$，求开方可以使用 sqrt 函数，sqrt(a) 表示求 a 的开方，结果是实型。使用 sqrt 函数必须包含头文件 cmath。

参考程序

```
1 #include<iostream>
2 #include<cstdio>
3 #include<cmath>
4 using namespace std;
5 int main()
6 {
7     double a,b,c,p;
8     scanf("%lf%lf%lf",&a,&b,&c);
9     p=(a+b+c)/2;
10    printf("%0.2lf\n",sqrt(p*(p-a)*(p-b)*(p-c)));
11    return 0;
12 }
```

1 温度换算

温度的表示方法有两种：华氏温度 F 和摄氏温度 C。现在输入一个华氏温度，要求输出对应的摄氏温度。公式为 $C=5(F-32)/9$ ，输出要求有相应说明，保留 2 位小数。

输入：华氏温度，实数。

输出：摄氏温度，保留两位小数。

样例输入：

-40

样例输出：

C=-40.00

2 长方形

输入长方形的长和宽，计算其面积和周长，保留 3 位小数。

输入：两个数，表示长方形的长和宽。

输出：长方形的面积和周长。

样例输入：

1 2

样例输出：

S=2.000

C=6.000

计算分数的值

分数a/b，求它的实数值（保留小数点后9位）。

输入：两个数a和b。

输出：a/b的实数值。

样例输入：

1 3

样例输出：

0.333333333

计算多项式的值

对于多项式$y=ax^3+bx^2+cx+d$和给定的a、b、c、d、x，计算y的值，保留到小数点后3位。

输入：a、b、c、d、x的值

输出：y的值

样例输入：

1 1 1 1 1

样例输出：

4.000

交流评价

跟同学、家里人交流一下，通过这节课的学习，你学会解决什么问题，从中学到了用计算机解决问题的什么思想方法。

提示：（1）实型变量的使用方法。

（2）使用printf函数输出实型数据。

第3课　字符的学号

——字符型数据处理

有一间字符学校，里面的学生是标点符号、运算符号、数字符号、大小写字母符号，它们虽然外貌各异，但都是字符。

学校教学的内容是舞台剧表演，是在一个叫“显示器”的舞台上，让各字符有序出现，字符是允许在同一时间，在不同位置出现的，但同一位置不允许有多个字符同时出现。每场舞台剧的指挥就是校长，它叫“计算机”，它指挥着各字符的站位。

校长在与字符交流时，不是直接叫字符的名称，而是叫字符的学号，如“A”的学号是65，“0”的学号是48。例如校长说：“65，站在舞台的第1行第1列和第2列，48，站在舞台的第2行第1列”，则显示器显示以下内容：

校长能准确说出每个字符的学号，是因为它手上时常拿着一张名册表，叫ASCII码表。

这是一个关于字符学号的故事，听了这个故事后，乐乐很想知道字符与ASCII码的对应关系是否有规律可循。

学习计划

为了掌握字符型数据处理的相关知识，乐乐制订了学习探究活动计划，见表2-7。

表 2-7 “字符型数据处理”学习探究活动计划

探究内容	学习笔记	完成时间
常见字符与 ASCII 码对应规律		
使用 ASCII 码规律进行大小写字符转换		

根据学习计划的安排，通过观看视频、阅读课本等，开展学习探究。

知识学习

1 字符型

字符型(char)变量，用来存放单个字符，如“a”“A”“0”“?”等。

2 ASCII 码

ASCII 码(美国信息交换标准代码)是通用的电脑编码系统。常用字符及其对应的 ASCII 码见表 2-8。

程序运行时，字符型变量在内存中存储的是其对应的 ASCII 码，如“0”的 ASCII 码是 48，“A”的 ASCII 码是 65，“a”的 ASCII 码是 97。

表 2-8 常用字符 ASCII 码对照

代码	字符	代码	字符	代码	字符	代码	字符	代码	字符	代码	字符
32	空格	48	0	64	@	80	P	96	`	112	p
33	!	49	1	65	A	81	Q	97	a	113	q
34	”	50	2	66	B	82	R	98	b	114	r
35	#	51	3	67	C	83	S	99	c	115	s
36	$	52	4	68	D	84	T	100	d	116	t
37	%	53	5	69	E	85	U	101	e	117	u
38	&	54	6	70	F	86	V	102	f	118	v
39	’	55	7	71	G	87	W	103	g	119	w

续表 2-8

代码	字符	代码	字符	代码	字符	代码	字符	代码	字符	代码	字符
40	(	56	8	72	H	88	X	104	h	120	x
41	)	57	9	73	I	89	Y	105	i	121	y
42	*	58	:	74	J	90	Z	106	j	122	z
43	+	59	;	75	K	91	[	107	k	123	{
44	,	60	<	76	L	92	\	108	l	124	|
45	-	61	=	77	M	93	]	109	m	125	}
46	.	62	>	78	N	94	^	110	n	126	~
47	/	63	?	79	O	95	_	111	o	127	DEL

例程学习

例 1 大写字母转小写字母

给出一个大写字母，编程输出对应的小写字母。

输入：一个大写字母。

输出：一个对应的小写字母。

样例输入：

A

样例输出：

a

问题分析

因为所有小写字母的 ASCII 码比其大写字母的 ASCII 码大 32，所以只需要将大写形式的字符加上 32 就可得到对应小写形式的字符，而参加加法运算的是字符对应的 ASCII 码。

参考程序

```
1  #include<iostream>
2  using namespace std;
3  int main()
4  {
5      char c;
6      cin>>c;
7      c=c+32;
8      cout<<c<<endl;
9      return 0;
10 }
```

说明：对字符进行算术运算，实际上是字符对应的 ASCII 码进行算术运算。

给你一个小写字母，你能快速说出它在字母表中的序号吗？编写程序试一试。（例如输入 a，程序输出 1；输入 d，程序输出 4。）

输入：一个小写字母

输出：一个整数，表示给出的小写字母的序号。

样例输入：

d

样例输出：

4

交流评价

跟同学、家里人交流一下，通过这节课的学习，你学会解决什么问题，从中学到了用计算机解决问题的什么思想方法。

提示：（1）字符型变量的使用方法。

（2）ASCII 码表的组成。

（3）常见字符对应的 ASCII 编码。

第三章
选择结构

第1课 学校的人脸识别

——选择结构

最近，学校在校门口安装了人脸识别安检机，乐乐发现机器是这样运行的：学生每次出入校门时，必须在安检机前停下几秒，人脸对准带有摄像头的屏幕。机器如果能识别到当前学生是本校学生，会做三件事情：①闸门打开。②记录学生出入校门时间。③学生本次出入校门信息会发送到学生家长手机上，学生可以进出校门。如果机器无法识别，闸门就不打开，学生不能进出校门。

机器是按照人脸识别的结果进行选择判断的，乐乐想，如何编写选择结构程序呢？

学习计划

为了掌握选择结构的相关知识，乐乐制订了学习探究活动计划，见表3-1。

表3-1 “选择结构”学习探究活动计划

探究内容	学习笔记	完成日期
选择结构特点		
常见的关系运算符		
if语句使用方法		
if…else…语句使用方法		

根据项目学习计划的安排，通过观看视频、阅读课本等，开展学习探究。

1 选择结构

在程序设计中，根据条件判断选择执行部分语句，这样的程序结构称为选择结构。常见选择结构有 if 单分支语句和 if…else…双分支语句。

语法学习

1 if 单分支语句

单分支语句是指满足条件则执行任务，如：进出校门时需要人脸识别，若识别到是本校学生，则闸门打开。

if 单分支语句格式：

```
if( 条件表达式 )
{
    语句序列
}
```

注意：条件表达式必须使用小括号“( )”括起。

功能：若条件表达式成立，则执行语句序列，否则忽略跳过。流程如图 3-1 所示。

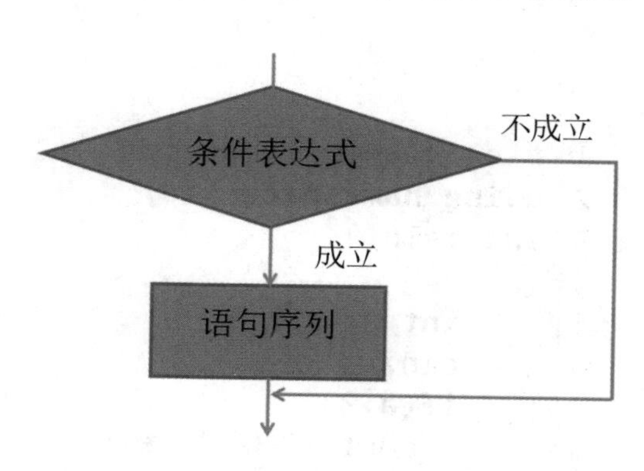

图 3-1 if 单分支语句执行流程

其中，当语句序列中只含有一个语句时，可以省略大括号“{ }”。条件表达式是指使用关系运算符连接起来的式子。C++ 语言中常见的关系运算符见表 3-2。

表 3-2　常见的关系运算符

运算符	说明	样例	运算	运算结果
>	大于	a=10;　b=20	a>b	False
>=	大于等于	a=10;　b=20	a>=b	False
<	小于	a=10;　b=20	a<b	True
<=	小于等于	a=10;　b=10	a<=b	True
==	等于	a=10;　b=10	a==b	True
!=	不等于	a=10;　b=10	a!=b	False

注意：True 表示条件表达式值为真，False 表示条件表达式值为假。

例程学习

例 1　判断正数

判断一个数 *a* 是否正数，若是，则输出 yes。

输入样例：

4

输出样例：

yes

参考程序

```
1 #include<iostream>
2 using namespace std;
3 int main()
4 {
5     int a;
6     cin>>a;
7     if(a>0)
8       cout<<"yes"<<endl;
9     return 0;
10 }
```

例2　判断正数 2

判断一个数 a 是否正数，若是，则输出 yes，并输出 $a>0$ 的提示。

输入样例：

4

输出样例：

yes

4>0

参考程序

```
1  #include<iostream>
2  using namespace std;
3  int main()
4  {
5      int a;
6      cin>>a;
7      if(a>0)
8      {
9          cout<<"yes"<<endl;
10         cout<<a<<">0"<<endl;
11     }
12     return 0;
13 }
```

说明：当条件成立时要执行多条语句，需要用 { } 把它们括起来。

语法学习

2 if…else…双分支语句

在程序设计中，要解决“若……则……否则……”类似的选择结构问题，可以使用 if…else…双分支语句来实现。如：在登录 QQ 时，要求输入账号对应的密码，若密码是正确的，则进入 QQ，否则，软件提示你输入的账户名或密码不正确。

if…else…双分支语句格式：

```
if ( 条件表达式 )
{
    语句序列 1
}
```

else

{

　　语句序列 2

}

功能：若条件表达式的值为真，则执行语句序列 1，否则，执行语句序列 2。流程如图 3-2 所示。

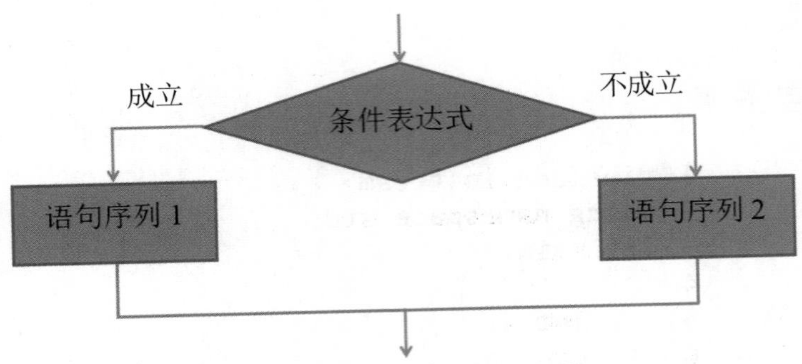

图 3-2　if…else…双分支语句执行流程

例程学习

例 3　7 的倍数

输入一个整数 *a*，如果 *a* 是 7 的倍数，则输出 yes，否则，输出 no。

输入样例：

7

输出样例：

yes

参考程序

```
1  #include<iostream>
2  using namespace std;
3  int main()
4  {
5      int a;
6      cin>>a;
7      if(a%7==0)
8          cout<<"yes"<<endl;
9      else
10         cout<<"no"<<endl;
11     return 0;
12 }
```

1 最大值

编写一个程序，输入 a、b、c 三个整数，输出其中最大值。

输入：三个数字，分别为 a、b、c。

输出：a、b、c 其中最大的数。

样例输入：

10 20 30

样例输出：

30

2 分数换算

给出 100 分制成绩，要求输出成绩等级 A、B、C、D、E。 90 分以上为 A，80 ~ 89 分为 B，70 ~ 79 分为 C，60 ~ 69 分为 D，60 分以下为 E。

输入：一个 0 ~ 100 的整数。

输出：一个字符，表示成绩等级。

样例输入：

90

样例输出：

A

3 判断偶数

输入一个整数 a，若 a 为偶数，则输出 yes，否则，输出 no。

输入：一个整数 a。

输出：yes 或 no。

样例输入：

6

样例输出：

yes

4 开车年龄

输入用户年龄，程序判断是否达到 18 岁以上（含 18 岁），给出对应的信息。

输入：一个整数 a，代表年龄。

输出：如果 a 大于等于 18，输出："You're old enough to drive." 如果 a 小于 18，提示还有几年才能开车。

样例输入：

13

样例输出：

Sorry,you can drive in 5 years.

交流评价

跟同学、家里人交流一下，通过这节课的学习，你学会解决什么问题，从中学到了用计算机解决问题的什么思想方法。

提示：（1）选择结构程序特点。

（2）使用 if 语句实现单分支选择结构程序。

（3）使用 if…else…语句实现双分支选择结构程序。

第 2 课　8 岁才第一次过生日

——逻辑运算

乐乐在数学课上学到一个简单的记忆闰年的方法：四年一闰，百年不闰，四百年又闰。意思是，如果年份数是 4 的倍数而不是 100 的整数倍，就是闰年；如果年份数是 400 的倍数，那也是闰年。

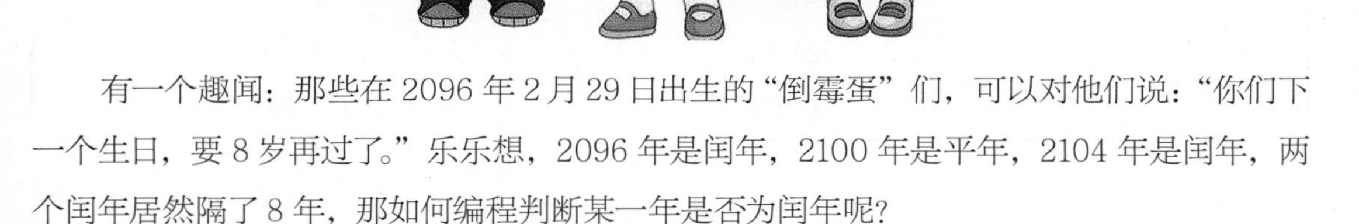

有一个趣闻：那些在 2096 年 2 月 29 日出生的“倒霉蛋”们，可以对他们说：“你们下一个生日，要 8 岁再过了。”乐乐想，2096 年是闰年，2100 年是平年，2104 年是闰年，两个闰年居然隔了 8 年，那如何编程判断某一年是否为闰年呢？

学习计划

为了掌握逻辑运算的相关知识，乐乐制订了学习探究活动计划，见表 3-3。

表 3-3　“逻辑运算”学习探究活动计划

探究内容	学 习 笔 记	完成日期
逻辑运算		
逻辑运算在条件判断语句中的使用		
运算符的优先级		

根据项目学习计划的安排，通过观看视频、阅读课本等，开展学习探究。

学习探究

知识学习

1 逻辑运算

要想使用 QQ 和某同学进行通信，需要满足以下条件：你和那位同学是 QQ 好友，或者你和那位同学在同一 QQ 群组。

要和 QQ 好友实现即时聊天，需要满足条件：你在线，并且 QQ 好友在线。

上述两种情况中的“或者”“并且”称为逻辑运算。

在 C++ 语言中，逻辑运算符有逻辑与（&&）、逻辑或（||）、逻辑非（!），逻辑运算的输出结果用 1 表示真（True），用 0 表示假（False），功能和使用方法见表 3-4 至表 3-7。

表 3-4　逻辑运算符

<table>
<tr><th>运　算　符</th><th>名　称</th><th>说　明</th></tr>
<tr><td>&&</td><td>逻辑与</td><td>a&&b，若 a、b 同为真，则 a&&b 为真</td></tr>
<tr><td>||</td><td>逻辑或</td><td>a||b，若 a、b 之一为真，则 a||b 为真</td></tr>
<tr><td>!</td><td>逻辑非</td><td>!a，若 a 为真，则 !a 为假</td></tr>
</table>

表 3-5　逻辑与

表达式 a	表达式 b	a&&b	例　子	结　果
True	True	True	1>0&&1<2	1
True	False	False	1>0&&1>2	0
False	True	False	0&&1	0
False	False	False	0&&0	0

表 3-6　逻辑或

<table>
<tr><th>表达式 a</th><th>表达式 b</th><th>a||b</th><th>例　子</th><th>结　果</th></tr>
<tr><td>True</td><td>True</td><td>True</td><td>3>0||2==2</td><td>1</td></tr>
<tr><td>True</td><td>False</td><td>True</td><td>1||0</td><td>1</td></tr>
<tr><td>False</td><td>True</td><td>True</td><td>0||1</td><td>1</td></tr>
<tr><td>False</td><td>False</td><td>False</td><td>1>2||3<2</td><td>0</td></tr>
</table>

表 3-7　逻辑非

表达式 a	!a	例　子	结　果
True	False	!(1+2==3)	0
False	True	!(1>2)	1

运算符的优先级

逻辑运算符、关系运算符及算术运算符有优先级别，如图 3-3 所示。

括号 ()
逻辑非 !
乘、除、取余 *、/、%
加、减 +、-
关系运算符 >、>=、<、<=、==、!=
逻辑与 &&
逻辑或 ||

图 3-3　运算符与运算符优先级

例如：

5>0||5>8，值为 1。

!(5>0)&&(4>2)，值为 0。

!10+3==3&&20<30，值为 1。

说明：

（1）任何非 0 的数 *a*，!a 的值为 0。

（2）如果不记得优先级，可以对需要优先运算的表达式加小括号，如 5>0||5>8，写成 (5>0)||(5>8)。

例程学习

例 1　判断闰年

输入一个年份，判断是否是闰年，若是，则输出 yes，否则，输出 no。

输入：一个整数，表示年份。

输出：一个整数，yes 或者 no。

样例输入：

2001

样例输出：

no

问题分析

对于年份 year，符合闰年的条件有两个：

（1）能被 4 整除，但不能被 100 整除。

（2）能被 100 整除，又能被 400 整除。

例如，1984 年是闰年，1900 年不是闰年，2000 年是闰年。

条件 1 和条件 2 可以转化成以下表达式：

条件 1：(year%4==0)&&(year%100!=0)

条件 2：(year%400==0)

条件 1 和条件 2 满足一个即可，即条件 1|| 条件 2，合并成完整的表达式：

(year%4==0)&&(year%100!=0)||(year%400==0)

参考程序

```
1  #include<iostream>
2  using namespace std;
3  int main()
4  {
5      int year;
6      cin>>year;
7      if((year%4==0)&&(year%100!=0)||(year%400==0))
8        cout<<"yes"<<endl;
9      else
10       cout<<"no"<<endl;
11     return 0;
12 }
```

说明：在 C++ 程序设计中，若 if 语句后的条件表达式里，存在多个小括号，即括号的嵌套，则需要注意左右括号一一对应。

交流评价

跟同学、家里人交流一下，通过这节课的学习，你学会解决什么问题，从中学到了用计算机解决问题的什么思想方法。

提示：（1）与、或、非三种逻辑运算。

（2）逻辑运算符、关系运算符及算术运算符的优先级。

第3课　快递费计算

——选择嵌套

“一骑红尘妃子笑，无人知是荔枝来。”把荔枝从岭南送到长安，路程至少2100千米。在唐代，刚采摘的荔枝为了保持新鲜，只能靠驿卒快马传递。当时的加急速递按每天200千米计算，需要10天半的时间。

乐乐想，如今寄新鲜荔枝到全国各地可快了，但是快递费会根据目的地是否省内和质量而定。省内运费较省外便宜，1千克以内运费一致，超出1千克会续重收费。那么，如何通过编程计算快递费呢？

学习计划

为了学习选择嵌套的相关知识，乐乐制订了学习探究活动计划，见表3-8。

表3-8 “选择嵌套”学习探究活动计划

探究内容	学习笔记	完成日期
if 语句嵌套的不同格式		
if 语句嵌套的执行过程		

根据项目学习计划的安排，通过观看视频、阅读课本等，开展学习探究。

1 选择嵌套

有些问题的条件判断比较复杂，只用一条 if…else 语句无法表达清晰，这时可以在 if 分支或者 else 分支的内部再使用另一个 if 语句，这种情况称为选择结构的嵌套。有 3 种情况，见表 3-9。

表 3-9 选择结构嵌套的 3 种情况

情况 1	情况 2	情况 3

嵌套在 if 分支中:
if(表达式 1)
{
  if(表达式 2)
    语句 1;
  else
    语句 2;
}
else
  语句 3;
	嵌套在 else 分支中:
	if(表达式 1)
	  语句 1;
	else
	{
	  if(表达式 2)
	    语句 2;
	  else
	    语句 3;
	}
		嵌套在 if 分支、else 分支中:
		if(表达式 1)
		{
		  if(表达式 2)
		    语句 1;
		  else
		    语句 2;
		}
		else
		{
		  if(表达式 3)
		    语句 3;
		  else
		    语句 4;
		}

例程学习

例 1 输入一个年份，判断是否是闰年。若是，则输出 yes，否则输出 no。

输入：一个整数，表示年份。

输出：yes 或者 no。

样例输入：

2001

样例输出：

no

▫ 问题分析 ▫

第一步：判断年份 year 是否能被 100 整除。

第二步：分情况讨论

（1）如果能被 100 整除，再判断是否能被 400 整除，若是，则为闰年，否则不是。

（2）如果不能被 100 整除，再判断是否能被 4 整除，若是，则为闰年，否则不是。

流程如图 3-4 所示。

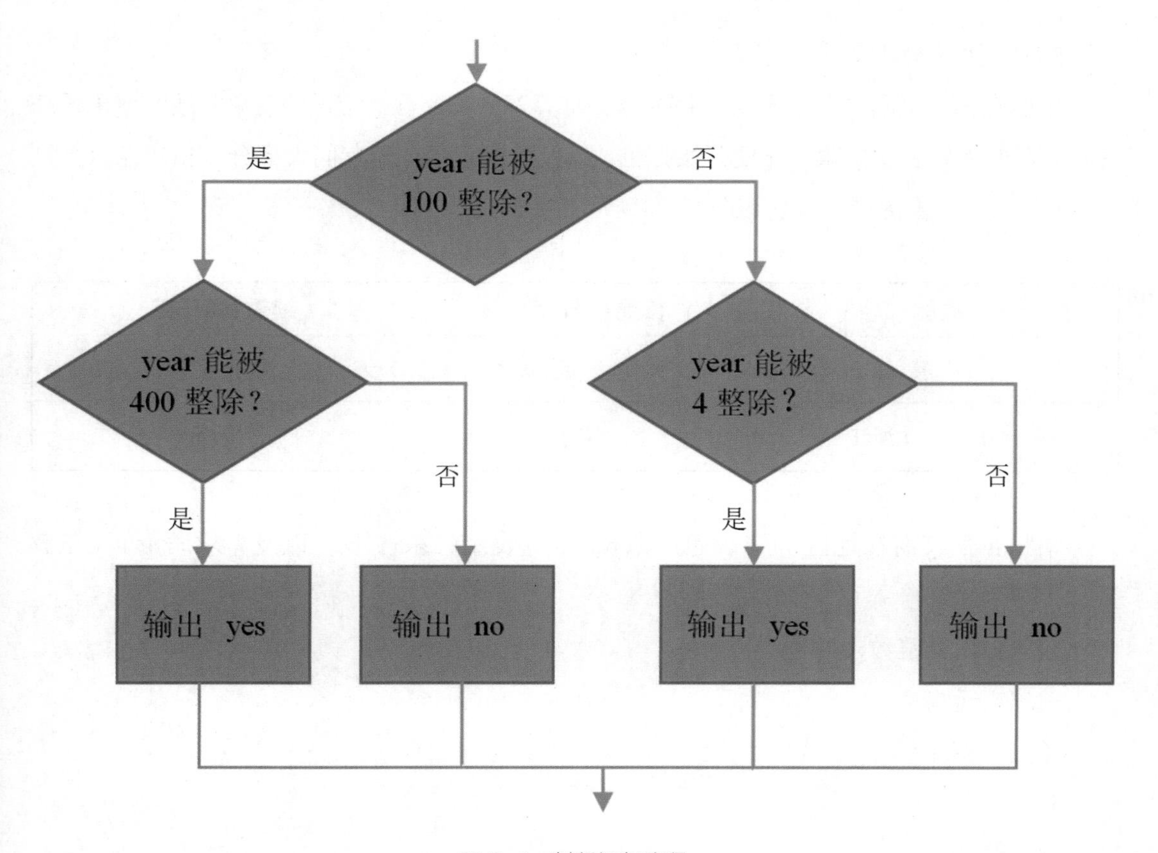

图 3-4　判断闰年流程

□ 参考程序 □

```
#include<iostream>
using namespace std;
int main()
{
    int year;
    cin>>year;
    if(year%100==0)
    {
        if(year%400==0)
            cout<<"yes";
        else
            cout<<"no";
    }
    else
    {
        if(year%4==0)
            cout<<"yes";
        else
            cout<<"no";
    }
    return 0;
}
```

例2 快递费计算

乐乐在家乡果园里摘了不少新鲜龙眼，打算寄给夏令营里结识的几个好朋友。乐乐在询问朋友们需要多少龙眼后，便开始打包，以及计算运费。朋友们大部分来自广东，个别来自江浙沪。乐乐选择一间快递公司，其收费价格见表3-10。

表3-10 收费价格

地区	首重（1千克内）	续重（每千克）
广东	8元	1元
上海、江苏、浙江	10元	2元

请根据朋友所在地区 s（1表示广东省内，0表示广东省外），以及需求质量 w（正整数），计算运费。

输入：两个整数，s 和 w。

输出：运费。

输入样例：

1 3

输出样例：

10

■ 参考程序 ■

```
1  #include<iostream>
2  using namespace std;
3  int main()
4  {
5      int s,w,ans;
6      cin>>s>>w;
7      if(s==1)
8      {
9          if(w<=1)
10             ans=8;
11         else if(w>1)
12             ans=8+1*(w-1);
13     }
14     if(s==0)
15     {
16         if(w<=1)
17             ans=10;
18         else if(w>1)
19             ans=10+2*(w-1);
20     }
21     cout<<ans<<endl;
22     return 0;
23 }
```

1 奖金计算

企业发放的奖金根据利润 I 提成，具体如下：

（1）当利润低于或等于 100000 元时，奖金可提 10%；

（2）当利润高于 100000 元，不超过 200000 元（$100000< I \leqslant 200000$）时，低于 100000 元的部分按 10%提成，高于 100000 元的部分，可提成 7.5%；

（3）当 $200000< I \leqslant 400000$ 时，低于 200000 元部分仍按上述办法提成（下同），高于 200000 元的部分按 5%提成；

（4）当 $400000< I \leqslant 600000$ 元时，高于 400000 元的部分按 3%提成；

（5）当 $600000< I \leqslant 1000000$ 时，高于 600000 元的部分按 1.5% 提成；

（6）当 I >1000000 时，超过 1000000 元的部分按 1% 提成。

从键盘输入当月利润 I，求应发奖金总数。

输入：一个整数，表示当月利润。

输出：一个整数，表示奖金。

样例输入：

900

样例输出：

90

分段函数

有一个函数：

$$y=\begin{cases} x \ (x<1) \\ 2x-1 \ (1 \leqslant x<10) \\ 3x-11 \ (x \geqslant 10) \end{cases}$$

写一段程序，输入任意整数x，输出y。

输入：x。

输出：y。

样例输入：

14

样例输出：

31

交流评价

跟同学、家里人交流一下，通过这节课的学习，你学会解决什么问题，从中学到了用计算机解决问题的什么思想方法。

提示：（1）理解 if 语句嵌套的不同格式。

（2）学习用 if 语句的嵌套实现复杂的选择结构程序。

第四章
循环结构

第1课 万少爷的书法
——for语句

从前，万老爷请了一位家教先生教儿子万少爷读书识字。第一天，先生教万少爷学写“一”字；第二天，先生教万少爷学写“二”字；第三天，先生教万少爷学写“三”字。万少爷很高兴，心想：“写字不就是这么简单吗？”于是万少爷对万老爷说：“我已经全部学会了，可以辞退家教先生了。”万老爷心里很得意：我儿子真聪明。这天，万老爷生日举办宴会，邀请了四方宾客，万老爷为了炫耀儿子的才能，让万少爷给客人们表演写“万”字，于是，万少爷大笔一挥，开始写起来了，但从上午写到下午，写得大汗淋漓，还没写完。原来他要写一万个“一”字呢。

听了这个故事，热爱编程的乐乐想：能不能编程让计算机快速地输出一万个“一”呢？

为了编写出让计算机重复输出“一”的程序，乐乐制订了学习探究活动计划，见表4-1。

表 4-1 “for 语句”学习探究活动计划

探究内容	学习笔记	完成日期
程序的循环结构		
for 语句格式		
for 语句执行过程		
for 语句注意事项		

根据项目学习计划的安排，通过观看视频、阅读课本等，开展学习探究。

计算机的特长是运算速度快，可以不知疲倦地做相同的事情，因此，在程序设计中重复的工作可以用循环的方法来实现。循环结构是计算机程序的三种基本结构之一。

For 语句可以用来实现已知重复次数的循环结构。

1 for 语句语法格式

```
for(循环变量初始化；循环条件；循环变量增量表达式)
{
  语句 1;
  语句 2;
  ……;
}
```

其中，“循环变量初始化”设置循环开始时循环变量的值；“循环条件”设置循环执行的条件；“循环变量增量表达式”设置每执行一次循环后循环变量的增量。

说明：{ } 内的语句为循环体，也就是要重复执行的语句，当循环体只有一个语句时，大括号可以省略。

2 for 语句执行流程

for 语句执行流程如图 4-1 所示。

（1）执行“循环变量初始化”，给循环变量赋一个初始值。

（2）判断循环变量的值是否满足循环条件，若是，则执行循环体，否则，结束整个 for 语句。

（3）根据循环变量增量表达式，计算循环变量的新值。

（4）自动转到（2）。

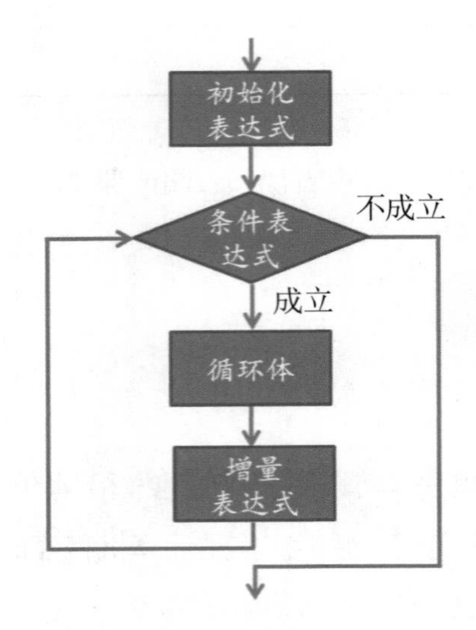

图 4-1 for 语句执行流程

例程学习

例 1 输入整数 n，在屏幕上输出 n 个“一”。

输入：一个整数 n。

输出：n 个“一”。

输入样例：

2

输出样例：

一

一

问题分析

要输出 n 个“一”，每次输出的内容都一样，我们可以用 for 循环的方法解决。

参考程序

```
1  #include<iostream>
2  using namespace std;
3  int main()
4  {
5      int n;
6      cin>>n;
7      for(int i=1;i<=n;i++)
8        cout<<"一"<<endl;
9      return 0;
10 }
```

例 2 输入整数 n，输出 1 ~ n。

输入：一个整数 n。

输出：1 ~ n，两数之间空格隔开。

输入样例：

5

输出样例：

1 2 3 4 5

问题分析

与例 1 不同之处是每次输出的内容为自然数，设 for 循环中循环变量为 i，初始值为 i=1，每循环一次，使 i 增加 1，变量 i 的值与输出内容的关系见表 4-2。可以看出，i 的值与输出内容一致，循环体中执行输出 i 即可得到要求的输出。

表 4-2　i 的值与输出内容的关系

i 的值	输出内容
1	1
2	2
3	3
…	…
n	n

参考程序

```
#include<iostream>
using namespace std;
int main()
{
    int i,n;
    cin>>n;
    for(i=1;i<=n;i++)
      cout<<i<<" ";
    return 0;
}
```

例 3 输入整数 n，求 $1+2+\cdots+n$ 的值。

输入：一个整数 n。

输出：$1+2+\cdots+n$ 的值。

输入样例：

100

输出样例：

5050

问题分析

根据例 2 可知，因为 for 循环中循环变量 i 的值可以由 1 依次递增到 n，所以只要每次循环加上当前 i 的值，就可以实现 $1+2+\cdots+n$，设变量 s 存放累加的结果，初始时 $s=0$，每次循环要用前面所有数的累加和加上当前的 i，得到新的累加和，循环体执行 $s=s+i$，变量 i 和 s 的变化过程见表 4-3。此例中 s 起到“累加器”的作用。

表 4-3 累加求和变量变化过程

循环顺序	i 的值	$s+i$	执行 $s=s+i$ 后 s 的值
第 1 次	1	0+1	1
第 2 次	2	1+2	3
第 3 次	3	3+3	6
第 4 次	4	6+4	10

续表 4-3

循环顺序	i 的值	$s+i$	执行 $s=s+i$ 后 s 的值
第 5 次	5	10+5	15
……	……	……	……

参考程序

```
1  #include<iostream>
2  using namespace std;
3  int main()
4  {
5      int i,n,s=0;
6      cin>>n;
7      for(i=1;i<=n;i++)
8        s=s+i;
9      cout<<s;
10     return 0;
11 }
```

深入探究

输出奇数

输出 n 以内的所有奇数。

输入：一个整数 n。

输出：n 以内的奇数，两数之间空格隔开。

输入样例：

10

输出样例：

1 3 5 7 9

收获苹果

果园里有 $n(1 \leqslant n \leqslant 10000)$ 棵苹果树，现在知道每棵树上的苹果个数，求一共可以收获多少个苹果。

输入：

第 1 行是一个整数 n，表示有 n 棵苹果树。

第 2 到第 n+1 行每行一个整数，表示每棵树上的苹果个数。每个整数的值均不超过 10000。

输出：一个整数，表示收获的苹果总数。

输入样例：

4
344
222
343
222

输出样例：

1131

整除 3、5、7

求 1 ~ n 以内能同时被 3、5、7 整除的数有哪些？

输入：一个整数 n（$n \leqslant 20000$）。

输出：满足条件的数（一行一个），及总个数。

输入样例：

300

输出样例：

105
210
2

交流评价

跟同学、家里人交流一下，通过这节课的学习，你学会解决什么问题，从中学到了用计算机解决问题的什么思想方法。

提示：（1）循环结构解决问题的基本思想和方法。

（2）用 for 语句实现循环结构的方法。

第 2 课　加密的秘密

——素数判定

这几天数学课正在学习素数，同学们都在讨论素数究竟有什么用。于是，爱钻研的乐乐上网查找有关素数的资料，发现素数在生活中有很多重要的用途。最让他感兴趣的是素数在网络安全中的应用，利用两个素数的乘积对网络信息进行加密，要破解信息需要对乘积进行分解，找到原来的两个素数。经过查阅资料，他知道了加密中使用的素数越大加密越安全。于是，乐乐打算编写一个程序，判定一些较大的数是不是素数。

为了编写出判定素数的程序，乐乐制订了学习探究活动计划，见表 4-4。

表 4-4 “素数判定”学习探究活动计划

探究内容	学习笔记	完成日期
素数判定方法		
素数判定程序流程		
C++ 中退出循环的方法		

根据项目学习计划的安排，通过观看视频、阅读课本等，开展学习探究。

学习探究

因为素数是“除了 1 和它本身，不能被任何数整除”的数，所以判断一个数是不是素数，最直接的方法就是检验它是否符合这个条件。

素数判定方法

如果要判定一个整数 n 是否为素数，只要检验在 2 ~ n-1 中是否存在能整除 n 的整数，如果存在，n 就不是素数，否则，n 就是素数。

实际上，并不需要一直检验到 n-1，如图 4-2 所示，假设 i 能整除 n，并且 1< i ≤ sqrt(n)，由数学关系可知，n/i 必定在 sqrt(n) ~ n-1 之间，如果在 sqrt(n) 之前没有能整除 n 的数，那么在 sqrt(n) 之后一定也不存在能整除 n 的数，因此，要判定一个整数 n 是否为素数，只需要检验在 2 ~ sqrt（n）之间是否存在能整除 n 的整数即可。

例如：判断 21 是不是素数，sqrt(21) 取整是 4，在 2 ~ 4 之间有一个能整除 21 的数 3，对应的另一个能整除 21 的数 21/3=7 分布在 4 ~ 20 之间；判断 31 是不是素数，sqrt(31) 取整是 5，2 ~ 5 之间没有能整除 31 的数，5 ~ 30 之间一定也没有能整除 31 的数。

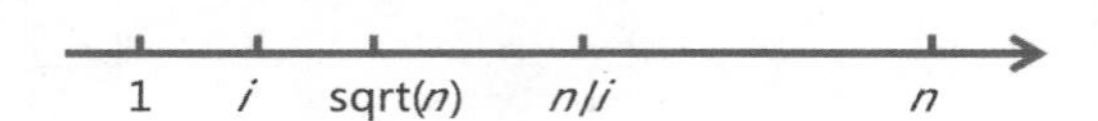

图 4-2 n 的约数分布

素数判定算法分析

如图 4-3 所示，按照素数判定方法，首先枚举 2 ~ n 的算术平方根中的整数 i，可以使用 for 语句实现枚举；然后判断 i 能否整除 n，如果能整除，n 就不是素数，否则，继续枚举下一个 i，若循环结束仍没找到能整除 n 的数，则 n 是素数。为了在循环结束时能确定有没有出现能整除 n 的数，可以设置一个标记变量 f，进入循环前 f=0，循环中一旦出现能整除 n 的数，执行 f=1，循环结束后，根据标记 f 的值确定是否找到能整除 n 的数。在确定 n 是否是素数时，不要忘了考虑 n 为 1 的情况。

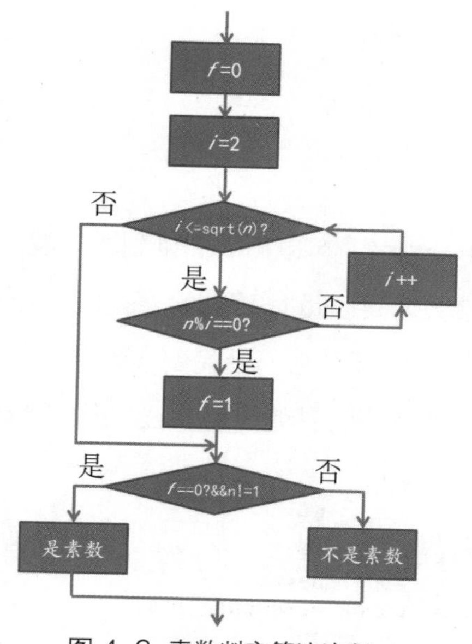

图 4-3　素数判定算法流程

3　sqrt 函数

Sqrt 函数用来计算并返回一个数 x 的算术平方根，格式为：

sqrt(x);

注意：使用 sqrt 函数必须在头文件中写上 #include<cmath>。

4　break 语句

For 循环中只有当循环条件不成立时才会结束循环，在实际问题中，有时循环还没结束就已经找到了答案。比如，在判断 n 是否为素数时，寻找 2 ~ sqrt(n) 中是否有能整除 n 的数，一旦找到一个能整除 n 的数，就能确定 n 不是素数，不需要再检验后面的数了，这时可以提前结束循环，以提高程序效率。break 语句能实现这种功能，作用是结束当前循环语句，退出循环。格式为：

break;

例程学习

数学王国召开机密会议，只有素数才能参加，请你编写程序帮助门卫判断一个数能否进入会场。

输入：一个整数 n。

输出：若是素数，则输出 yes，否则，输出 no。

输入样例：

29

输出样例：

yes

问题分析

判断一个数 n 是不是素数，可以用前面讲到的素数判定算法解决问题。使用 for 语句枚举 2 ~ sqrt(n) 中的整数 i；判断 i 能否整除 n，如果能整除，n 就不是素数，如果不能整除，继续枚举下一个 i；若循环结束仍没找到能整除 n 的数，则 n 是素数。为了提高程序的运行效率，一旦发现 i 能整除 n，就使用 break 退出循环。

参考程序

```
1  #include<iostream>
2  #include<cmath>
3  using namespace std;
4  int main()
5  {
6       int n;
7       bool f;      //布尔型变量f做标记
8       cin>>n;
9       f=0;
10      for(int i=2;i<=sqrt(n);i++)
11        if(n%i==0)
12          {
13              f=1;
14              break;
15          }
16      if((f==0)&&(n!=1)) cout<<"yes";
17      else cout<<"no";
18      return 0;
19 }
```

深入探究

上网搜索了解“continue”语句的作用及与“break”语句的区别。

交流评价

跟同学、家里人交流一下，通过这节课的学习，你学会解决什么问题，从中学到了用计算机解决问题的什么思想方法。

提示：（1）素数判定的基本算法。

（2）素数判定的程序实现方法。

第 3 课　神秘的生日礼物

——for 循环嵌套

乐乐的生日快要到了，好朋友佳佳说要送给他一份神秘的生日礼物，这让乐乐很期待。生日那天，佳佳发给乐乐一个自己编写的程序，告诉他礼物就在程序里。乐乐疑惑地打开程序，原来是用 C++ 程序输出的生日蛋糕。乐乐觉得这个礼物很有创意，他也想编写一个能输出生日蛋糕的程序。

```
      Happy Birthday !

           i i
        ######
        ######
    ##############
    ##############
    ##############
######################
######################
######################
```

学习计划

为了编写输出生日蛋糕的程序，乐乐制订了学习探究活动计划，见表 4-5。

表 4-5 “for 循环嵌套”学习探究活动计划

探究内容	学习笔记	完成日期
循环嵌套的含义		
循环嵌套基本结构		
for 语句循环嵌套格式		
for 语句循环嵌套运行规律		

根据项目学习计划的安排，通过观看视频、阅读课本等，开展学习探究。

知识学习

生活中有很多循环的例子。例如：时钟的秒针走1圈，分针移动1分钟；分针走1圈，时针移动1小时，这种一个循环中又包含循环的结构，我们称之为循环嵌套。

可以使用多个 for 语句实现循环嵌套程序，具体格式为：

```
for(……)
{
    ……
   for(……)
   {
     ……
   }
    ……
}
```

第一个 for 语句叫外层循环，第二个 for 语句叫内层循环，外层循环控制变量变化一次，内层循环完成一次完整的循环。根据问题的需要，还可以在内层循环内再嵌套 for 语句，实现多层循环嵌套。例如，钟表的时针、分针、秒针的运动就形成了三层循环嵌套。

例程学习

例 1 输出一个由“*”组成的 n 行 n 列的方形。(“*”间有空格)

输入：一个整数 n。

输出：由“*”组成的 n 行 n 列的方形。

输入样例：

5

输出样例：

```
* * * * *
* * * * *
* * * * *
* * * * *
* * * * *
```

问题分析

要输出n行，需要循环n次，每次循环输出一行的内容；对于每一行，要输出n个“*”，又需要循环n次，每次循环输出一个“*”。使用循环嵌套实现，外层循环控制一行一行地输出，内层循环实现输出一行“*”。

参考程序

```
1  #include <iostream>
2  using namespace std;
3  int main ()
4  {
5      int n;
6      cin>>n;
7      for(int i=1;i<=n;i++)
8        {
9          for(int j=1;j<=n;j++)
10             cout<<"* ";
11         cout<<endl;
12       }
13     return 0;
14 }
```

思考：上述程序的第11行“cout<<endl;”能与第12行的“}”互换位置吗？

例2　根据输入的整数n，输出“*”组成的形如样例的三角形。（“*”间有空格）

输入：一个整数n。

输出：由“*”组成的三角形。

输入样例：

5

输出样例：

```
*
* *
* * *
* * * *
* * * * *
```

□ 问题分析 □

这一题和例 1 的区别在于每一行输出“*”的个数不同，观察输出样例可以发现，第一行 1 个，第二行 2 个，第三行 3 个……每一行“*”的个数与行号一致，因此，只要将例 1 中内层循环的循环次数改为与外层循环的循环变量一样，就可以通过循环嵌套画出要求的图形了。

□ 参考程序 □

```
1  #include <iostream>
2  using namespace std;
3  int main ()
4  {
5      int n;
6      cin>>n;
7      for(int i=1;i<=n;i++)
8      {
9        for(int j=1;j<=i;j++)
10           cout<<"* ";
11       cout<<endl;
12     }
13     return 0;
14 }
```

例 3 根据输入的整数 n，输出形如样例的数字三角形。

输入：一个整数 n。

输出：数字三角形。

输入样例：

5

输出样例：

1

2 4

3 6 9

4 8 12 16

5 10 15 20 25

问题分析

按表 4-6 标出数字三角形中的行和列，可以看出，每个数字等于它的行号 × 列号。用循环嵌套，外层循环控制行的变化，内层循环实现输出数字。

表 4-6　数字三角形行、列表示

数字 列 行	1	2	3	4	5
1	1				
2	2	4			
3	3	6	9		
4	4	8	12	16	
5	5	10	15	20	25

参考程序

```
1  #include <iostream>
2  using namespace std;
3  int main ()
4  {
5      int n;
6      cin>>n;
7      for(int i=1;i<=n;i++)
8      {
9        for(int j=1;j<=i;j++)
10           cout<<i*j<<" ";
11       cout<<endl;
12     }
13     return 0;
14 }
```

例 4 输入整数 n，输出九九乘法表的前 n 行。

输入：一个整数 n。

输出：九九乘法表的前 n 行。

输入样例：

5

输出样例：

1*1=1

1*2=2 2*2=4

1*3=3 2*3=6 3*3=9

1*4=4 2*4=8 3*4=12 4*4=16

1*5=5 2*5=10 3*5=15 4*5=20 5*5=25

◻ 问题分析 ◻

对比例 3，可以发现，乘法表中的积与数字三角形相应位置的值一致，通过观察可以看出，每个等式是列号 × 行号 = 积。按照这个规律，用循环嵌套来实现。

◻ 参考程序 ◻

```
#include <iostream>
using namespace std;
int main ()
{
	int n;
	cin>>n;
	for(int i=1;i<=n;i++)
	  {
	    for(int j=1;j<=i;j++)
	        cout<<j<<"*"<<i<<"="<<i*j<<" ";
	    cout<<endl;
	  }
	return 0;
}
```

深入探究

倒星号阵

输出如样例的倒星型阵。

输入：整数n。

输出：倒星型阵 。

输入样例：

6

输出样例：

```
******
*****
****
***
**
*
```

数字塔

输入n ($n<10$)，输出n 行数字塔。

输入：整数n 。

输出:n 行数字塔。

输入样例：

5

输出样例：

```
    1
   121
  12321
 1234321
123454321
```

数学王国里的机密会议

数学王国里正在召开只有素数才能参加的机密会议，这时又来了几个数字要求进入会场，请你帮助门卫统计一下，其中有多少个是素数。

输入：第一行，整数n；第二行,n 个整数。

输出：素数的个数。

输入样例：

5

2 6 9 7 10

输出样例：

2

交流评价

跟同学、家里人交流一下，通过这节课的学习，你学会解决什么问题，从中学到了用计算机解决问题的什么思想方法。

提示：（1）循环嵌套解决问题的基本思想和方法。

（2）循环嵌套程序实现方法。。

第4课 破解玛雅文明

——穷举法

考古学家在古文明遗址中发现了一块刻着神秘符号的石碑，经过分析，上面记载着破解古代玛雅文明的重要信息。考古学家研究后发现，碑文的意思是：石碑后就是玛雅文明通道，通道里记录着古代玛雅文明的秘密，而进入通道的密匙就是将0～9放入正确的位置使等式ABCD×E=DCBA成立。

看到这里，习惯了编程解决问题的乐乐想，能不能编程让计算机帮我们找到密匙呢？

为了编程让计算机帮我们找到密匙，乐乐制订了学习探究活动计划，见表4-7。

表4-7 “穷举法”学习探究活动计划

探究内容	学习笔记	完成日期
穷举法基本思想		
穷举法解决问题的过程		
for语句实现穷举法的方法		

根据项目学习计划的安排，通过观看视频、阅读课本等，开展学习探究。

知识学习

生活中，有时候需要我们从很多可能的情况中找到正确的答案。例如：要从一串钥匙中找到能打开门的那把，我们可以一把一把地尝试；要在一沓试卷中找到自己的试卷，可以一份一份翻阅查找。这种通过依次尝试每一种可能的情况，从而找到答案的方法，叫作穷举法。

穷举法，也称为枚举法。其基本思想是：列举出问题涉及的所有可能情况，根据问题所要求的条件逐个判断，从中找到符合条件的答案。

由此可以看出，用穷举法解决问题，需要明确两点：

（1）可能的情况有哪些？

（2）需要满足的条件是什么？

当我们需要用穷举法解决问题时，可以使用 for 循环语句穷举所有可能的情况，使用 if 选择语句判断某种情况是否满足问题所要求的条件。

例程学习

若三位数 $\overline{abc}=a^3+b^3+c^3$，则称 $\overline{abc}$ 为水仙花数。请按从小到大的顺序输出所有的水仙花数。

问题分析

解法一：

根据题意，水仙花数可能的情况是所有的三位数，利用 for 循环穷举所有的三位数，对于每一个三位数，判断是否是水仙花数。具体操作如下：

（1）从 100 至 999 逐一枚举三位数 i，对于每一个 i 分别执行（2）（3）（4）（5）；

（2）求出 i 的百位数 a；

（3）求出 i 的十位数 b；

（4）求出 i 的个位数 c；

（5）若满足水仙花数的条件，则输出i。

■ 参考程序 ■

```
1  #include<iostream>
2  using namespace std;
3  int main()
4  {
5    int a,b,c,i;
6    for(i=100;i<=999;i++)    //穷举从100到999的每一个整数
7    {
8      a=i/100;          //求百位数
9      b=i/10%10;        //求十位数
10     c=i%10;           //求个位数
11     if(i==a*a*a+b*b*b+c*c*c)   //验证是否是水仙花数
12         cout<<i<<endl;
13   }
14     return 0;
15 }
```

解法二：

每个三位数由百、十、个位组成，问题求解中也会用到每一位上的值，我们可以换一种角度，直接枚举组成三位数的每一位上的值，利用三层循环嵌套穷举出所有的三位数，判断是否是水仙花数，具体操作如下：

（1）枚举百位数a；

（2）枚举十位数b；

（3）枚举个位数c；

（4）如果满足水仙花数的条件，则输出$a*100+b*10+c$。

■ 参考程序 ■

```
1  #include<iostream>
2  using namespace std;
3  int main()
4  {
5    int a,b,c;
6    for(a=1;a<=9;a++)          //穷举百位数
7     for(b=0;b<=9;b++)         //穷举十位数
8      for(c=0;c<=9;c++)        //穷举个位数
9        if(a*100+b*10+c==a*a*a+b*b*b+c*c*c)      //验证是否是水仙花数
10         cout<<a*100+b*10+c<<endl;
11   return 0;
12 }
```

深入探究

1 寻找三位数

有一个三位数，个位数字比百位数字大，而百位数字又比十位数字大，并且各位数字之和等于各位数字相乘之积，求此三位数。

输出：符合条件的三位数。

2 兑换零钱

乐乐有 n 张 50 元的钞票，他想去银行换成 1 元、5 元和 10 元的零钱，每种零钱至少 3 张，问：一共有多少种兑换方案？

输入：整数 n。

输出：兑换方案总数。

输入样例：

2

输出样例：

36

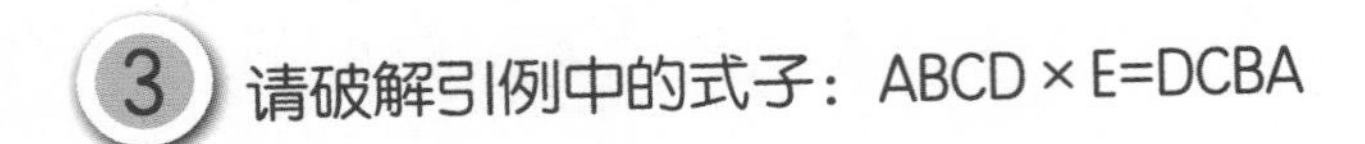

3 请破解引例中的式子：ABCD × E=DCBA

交流评价

跟同学、家里人交流一下，通过这节课的学习，你学会解决什么问题，从中学到了用计算机解决问题的什么思想方法。

提示：（1）穷举算法解决问题的基本思想。

（2）穷举算法程序实现方法。

第 5 课 取快递的波折
——while 语句

妈妈让乐乐去小区门口的快递箱拿快递，这可是乐乐第一次自己取快递，他激动得一路小跑来到快递箱前，输入取件密码，屏幕上跳出一行字："密码错误，请再次输入!"再输入一次，还是"密码错误，请再次输入!"连续输了三次，都提示错误。怎么办呢? 乐乐只好打电话给妈妈，原来是自己记错了密码。再一次输入正确的密码，"咔"的一声，快递箱成功打开。取到快递，乐乐一边往回走，一边在思考：快递箱上的密码验证程序是怎么实现的呢?

为了弄明白快递箱上的程序，乐乐制订了学习探究活动计划，见表 4-8。

表 4-8 "while 语句"学习探究活动计划

探究内容	学习笔记	完成日期
程序的循环结构		
while 语句格式		
while 语句执行过程		
while 语句注意事项		

根据项目学习计划的安排，通过观看视频、阅读课本等，开展学习探究。

学习探究

语法学习

在 C++ 中，除了前面学习的 for 语句能实现程序的循环结构，while 语句也能实现循环结构。

While 语句主要用于“当满足某一条件时进行循环”的情况。

1 while 语句语法格式

```
while(条件表达式)
{
   语句 1;
   语句 2;
   ……;
}
```

若条件表达式成立，则执行循环，否则，结束循环。{ } 内的语句为循环体，也就是要重复执行的语句，当循环体只有一个语句时，大括号可以省略。

2 while 语句执行流程

（1）计算条件表达式的值；

（2）若条件表达式值为真，则执行一遍循环体，执行结束后再转回（1）；

（3）若条件表达式值为假，则结束循环。

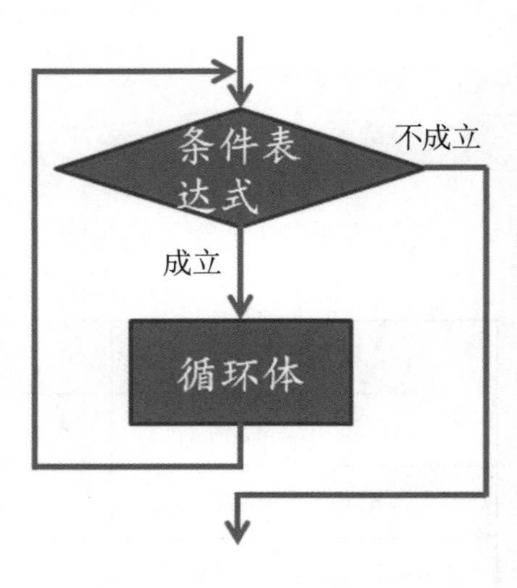

图 4-4　while 语句执行流程

3 while 语句要注意的问题

（1）循环变量要在 while 语句前赋初值，使条件表达式有确定的值，如果最初条件表达式就为假，那么根本不进入循环体，即一次循环也不执行。

（2）While 循环体中要有一条语句改变循环变量的值，使其可能达到结束循环的条件，否则程序会陷入死循环，无法终止。

例程学习

某学习网站为了鼓励学员们每天登录学习，设定了登录奖励积分：如果是连续登录 n 天，第一天奖励 1 分，第二天奖励 2 分，第三天奖励 3 分……第 n 天奖励 n 分。如果中间有间断，那么下次登录又要从第一天开始算。乐乐想尽快拿到 m 分以兑换礼物，请问：他至少要连续登录多少天？

输入：整数 m。

输出：乐乐至少要连续登录的天数。

输入样例：

667

输出样例：

37

问题分析

根据问题描述，设连续 n 天的积分和 $s=1+2+3+\cdots+n$，求至少连续多少天积够 m 分，即求满足 $s \geqslant m$ 的最小 n 值。不等式的左边是求 1 ~ n 的累加和，利用 while 循环求累加和 s，循环变量 n 从 1 开始取值，每次增加 1，当 $s<m$ 时循环累加，一旦 $s \geqslant m$，就结束循环，此时的 n 即为所求。

参考程序

```
1  #include<iostream>
2  using namespace std;
3  int main()
4  {
5      int m,n=0,s=0;
6      cin>>m;
7      while(s<m)
8      {
9          ++n;
10         s+=n;     //相当于 s=s+n;
11     }
12     cout<<n;
13     return 0;
14 }
```

深入探究

1 不等式

求 1+1/2+1/3+⋯+1/$n \geqslant m$ 的最小 n 值。

输入：整数 m 。

输出：满足不等式的 n。

输入样例：

5

输出样例：

83

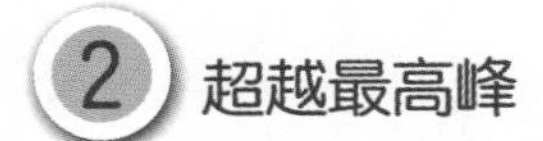

2 超越最高峰

假设一张纸的厚度为 0.1 毫米，对折一次厚度增加 1 倍。假设纸足够大，编程计算对折多少次后，厚度能超过珠穆朗玛峰高度（8844 米）。

输出：对折次数。

交流评价

跟同学、家里人交流一下，通过这节课的学习，你学会解决什么问题，从中学到了用计算机解决问题的什么思想方法。

提示：（1）循环结构解决问题的基本思想和方法。

（2）用 while 语句实现循环结构的方法。

第6课 小学生的抱怨

——不定项输入

奥数班、英语班、钢琴班、绘画班……很多同学都抱怨太多的课外班占用了很多休息时间。于是，乐乐班的同学们准备在全校做一次关于课外班的调查，为了方便快速地统计出同学们平均每周在课外班所花的时间，乐乐打算编写一个程序让计算机来帮忙统计。但是他发现无法预知有多少同学参与调查，不能确定要输入多少数据，这样的程序能实现吗？

为了解决不定项数据的输入问题，乐乐制订了学习探究活动计划，见表 4-9。

表 4-9 “不定项输入”学习探究活动计划

探究内容	学习笔记	完成日期
不定项数据读取方法		
格式化输入方法		
三目运算符格式和功能		

根据项目学习计划的安排，通过观看视频、阅读课本等，开展学习探究。

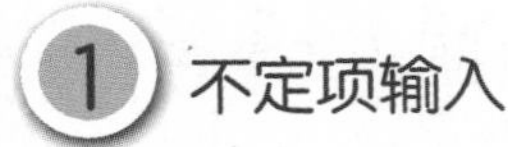

1 不定项输入

当问题中输入的数据数量不确定时，可以使用 while 语句和输入语句组合，循环输入数据，直到输入结束。

例如，输入不确定数量的整数，定义整型变量 x，有以下两种实现形式：

(1)

```
while(cin>>x)
{
  循环体;
}
```

(2)

```
while(scanf("%d",&x)==1)
{
  循环体;
}
```

在 Windows 系统中，输入完毕后先按 Enter 键，再按 Ctrl+Z 键，最后再按 Enter 键，即可结束输入。

2 格式化输入

Scanf 的功能是输入指定格式的数据，格式为：

scanf("格式控制字符串"，地址列表)

格式控制字符串由 % 和格式控制符组成，作用是将要输入的字符按指定的格式输入。常用数据类型的格式控制符见表 4-10。地址列表给出各变量的地址，由取地址符 & 和变量名组成。例如：scanf("%d%d"，&a,&b) 为输入两个整数 a 和 b。

表 4-10　scanf 常用格式控制符

格式控制符	说明
%d	输入 int 数据
%lld	输入 long long int 数据
%f	输入 float 数据
%lf	输入 double 数据

3 三目运算符

根据运算对象个数的不同，运算符可以分为单目运算符、双目运算符和三目运算符。例如我们前面学习过的逻辑非只有一个运算对象，称为单目运算符；“+”“-”“*”“/”等有两个运算对象，称为双目运算符。

三目运算符有三个运算对象，格式如下：

表达式 1? 表达式 2: 表达式 3

功能类似于 if…else 语句，若表达式 1 的值为 true，则执行表达式 2 并返回表达式 2 的值，否则，执行表达式 3 并返回表达式 3 的值。

例如：max=a>b?a:b;

如果 *a>b* 成立，则 *max=a*，否则 *max=b*。

例程学习

输入一些同学的学习积分，求出其中的最低分、最高分和平均分（保留 3 位小数）。输入的这些数都是不超过 100 的整数。

输入：一行若干个整数。

输出：最低分、最高分和平均分。

输入样例：

80 95 100 70 65 90

输出样例：

65 100 83.333

问题分析

输入的数据个数不确定，可以使用不定项输入方法实现数据输入。当输入没结束的时候计算当前的最低分、最高分和当前积分总和，及已经输入的数据个数，一旦输入结束即停止循环，输出最低分、最高分，并根据当前的积分总和与数据个数计算出平均分。另外，在计算最低分和最高分时，为了确定比较标准，可以先读取第一个同学的积分作为最低分和最高分的初始值。想起来了吗？这不就是第一章我们提过的擂台赛的算法吗？

参考程序

```
#include<cstdio>
int main()
{
  int x,n=1,min,max,s;
  scanf("%d",&s);
  min=s;max=s;
  while(scanf("%d",&x)==1)
  {
    min=x<min?x:min;
    max=x>max?x:max;
    s+=x;
    ++n;
  }
  printf("%d %d %.3f\n",min,max,s*1.0/n);
}
```

深入探究

1 统计偶数

输入若干个整数，判断每个数是否是偶数，如果是偶数输出 yes，否则输出 no，最后输出偶数的个数。

输入：若干个整数。

输出：若干个 yes 或 no 。

输入样例：

6 8 9 4

输出样例：

yes yes no yes

3

2 最大值

输入 a、b、c 三个整数，求其中最大值。

输入：三个整数 a、b、c。

输出：a、b、c 中最大的数。

输入样例：

10 20 30

输出样例：

30

交流评价

跟同学、家里人交流一下，通过这节课的学习，你学会解决什么问题，从中学到了用计算机解决问题的什么思想方法。

提示： 不定项数据输入的程序实现方法。

第 7 课 皇帝的奖励

——辗转相除法

从前，有个皇帝总爱出各种问题来考验他的大臣们是不是足够聪明。一天，皇帝带着大臣们来到一块长方形的麦田，他对大臣们说：“这块麦田长 1449 尺，宽 1071 尺，要把它划分成由相同的正方形组成，不能有多余的部分，谁划出的正方形最大，就把这块麦田上的麦子奖励给他。”听完皇帝的问题，大臣们都冥思苦想，不知该如何划分？

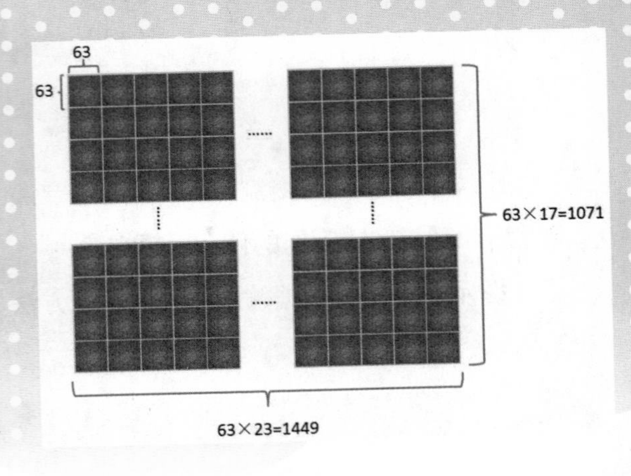

看到这个故事，聪明的乐乐一下就想到了：不能有多余的部分，所以正方形的边长既要是麦田长的约数，又要是麦田宽的约数，而且要求最大，这个数不就是长和宽的最大公约数吗？但是，该如何快速求出长和宽的最大公约数呢？

为了编程求出两个数的最大公约数，乐乐制定了学习探究活动计划，见表 4-11。

表 4-11 “辗转相除求最大公约数”学习探究活动计划

探究内容	学习笔记	完成日期
辗转相除法原理		
辗转相除法算法流程		

根据项目学习计划的安排，通过观看视频、阅读课本等，开展学习探究。

知识学习

辗转相除法也叫欧几里德算法。对于任意两个自然数 m 和 n，用 m、n、r 分别表示被除数、除数、余数，那么 m 和 n 的最大公约数等于 n 和 r 的最大公约数。具体算法如图 4-5 所示。

（1）求 m 除以 n 的余数 r。

（2）当 $r \neq 0$ 时，执行第（3）步；当 $r=0$ 时，则 n 为最大公约数，算法结束。

（3）将 n 的值赋给 m，将 r 的值赋给 n，再求 m 除以 n 的余数 r。

（4）转到第（2）步。

从算法描述中可以看出，当 $r \neq 0$ 时，循环执行第（2）、（3）、（4）步，因为不知道具体循环几次能使 $r=0$，所以可以使用 while 语句实现循环结构。

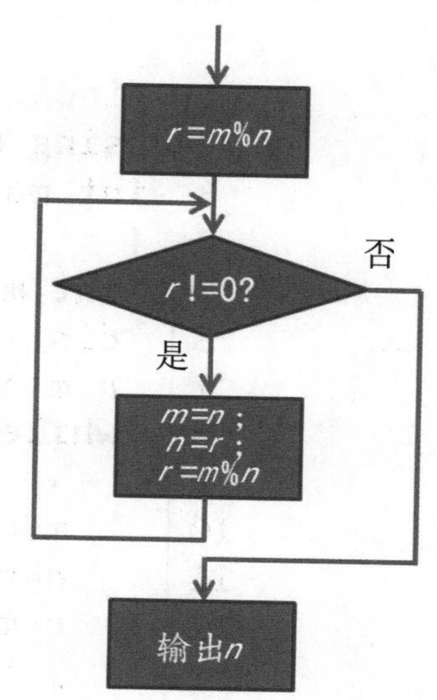

图 4-5　辗转相除算法流程

例如：用辗转相除法求 65 和 156 的最大公约数的过程见表 4-12，当 $r=0$ 时，n 的值 13 即为最大公约数。

表 4-12　辗转相除法运行过程

	m	n	$r=m\%n$
第一次	65	156	65
第二次	156	65	26
第三次	65	26	13
第四次	26	13	0

例程学习

求两个正整数 m、n 的最大公约数。

问题分析

使用辗转相除法求最大公约数。

参考程序

```
1  #include<iostream>
2  using namespace std;
3  int main()
4  {
5   int m,n,r;
6   cin>>m>>n;
7   r=m%n;
8   while(r!=0)
9    {
10    m=n;
11    n=r;
12    r=m%n;
13   }
14  cout<<n;
15  return 0;
16 }
```

深入探究

1 最大公约数和最小公倍数

输入两个正整数 m 和 n，求其最大公约数和最小公倍数。

输入：两个正整数。

输出：最大公约数和最小公倍数。

输入样例：

5 7

输出样例：

1 35

2 儿童节礼物

学校买回a本笔记本和b支铅笔作为儿童节礼物分发给同学们，为了让每个同学既能得到笔记本，又能得到铅笔，校长决定把笔记本和铅笔搭配在一起组成礼物，每份礼物要求完全一样，笔记本和铅笔都不能有剩余，该如何搭配使礼物的份数最多。

输入：两个正整数a和b。

输出：两个正整数，空格分隔，分别表示每份礼物中笔记本的数量和铅笔的数量。

输入样例：

48 32

输出样例：

3 2

交流评价

跟同学、家里人交流一下，通过这节课的学习，你学会解决什么问题，从中学到了用计算机解决问题的什么思想方法。

提示：（1）辗转相除法基本思想。

（2）辗转相除法的程序实现方法。

第五章
数组

第1课　寻找失主

——一维数组

乐乐周末最喜欢去的地方就是图书馆了。这个周六，他又在图书馆看了一下午的书，当他离开时，发现旁边的地上有一个钱包，周围的人都说不是自己丢的。是谁丢了钱包？钱包里除了钱，只有一张借书证，可是借书证上只有编号和姓名，没有任何联系方式，怎么找到失主呢？乐乐只好求助图书馆的管理员，管理员指着借书证说："所有办理借书证的读者信息都存在图书馆的管理系统中，有它就很容易找到失主了。"他将借书证上的编号输入到电脑中，很快查到了失主的电话号码和联系地址。乐乐又开始思考起来：那么多的读者信息，计算机是怎么存储和处理的呢？

为了找到计算机存储和处理大量数据的方法，乐乐制订了学习探究活动计划，见表5-1。

表5-1　"一维数组"学习探究活动计划

探究内容	学习笔记	完成日期
一维数组存储结构		
一维数组定义		
一维数组引用		
一维数组初始化		

根据项目学习计划的安排，通过观看视频、阅读课本等，开展学习探究。

学习探究

语法学习

生活中，为了方便表示和查询大批量的信息，通常会对它们进行分类编号。比如：用学号给每个同学编号，用机位号给电脑室的每台电脑编号，用门牌号给我们的地址编号……在用计算机解决问题时，也会经常遇到要存储和处理大批量数据的情况，此时可以利用数组来实现对数据的存储和有序编号。

数组是由固定数目的同一类型的元素组成的数据结构，可以是一维的，也可以是二维或多维的。数组经常应用在大批量、同一类型数据的处理任务中。

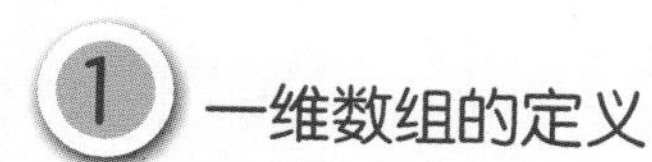

1 一维数组的定义

一维数组是只有一个下标值的数组，其存储结构如图 5-1 所示。一维数组的定义格式为：

类型标识符　　数组名 [常量表达式]

其中，类型标识符表示数组元素的数据类型；数组名的命名规则与变量名的命名规则一致；常量表达式表示数组元素的个数。

例如：

```
int a[100];     定义有 100 个整型元素的数组 a
char s[20];     定义有 20 个字符元素的数组 s
```

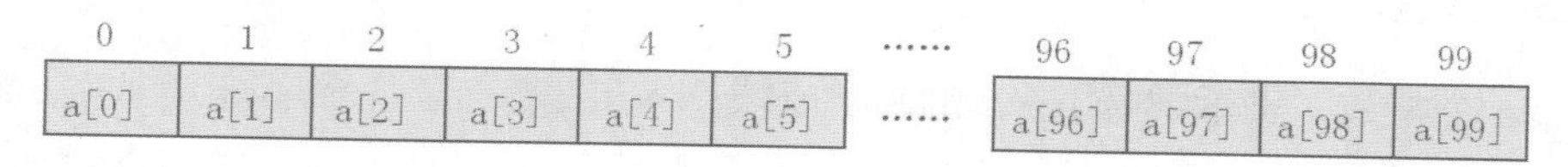

图 5-1　一维数组存储结构

2 一维数组的引用

数组的引用是指引用数组的元素，一维数组的引用格式为：

数组名 [下标]

例如：

```
int a,f[10];
cin>>a;
```

f[1]=a;

引用数组时要注意：

（1）下标的最小值为 0，最大值为（数组元素个数 -1）。

（2）下标可以是整型常量或者任意值为整型的表达式。

（3）C++ 语言只能逐个引用数组元素，而不能一次引用整个数组。

数组元素可以像同类型的普通变量那样使用，对其进行赋值和运算的操作，和普通变量完全相同

一维数组初始化

数组可以在定义同时初始化。格式为：

类型标识符　　数组名 [常量表达式]={ 值 1，值 2，…}

对数组元素全部初始化为 0，可以简写为：{0}

例如：

```
int a[5]={1,2,3,4,5};
int b[10]={0};
```

例程学习

例 1　乐乐班上有 n（$n \leqslant 50$）个同学，班主任要将所有同学的成绩按学号输入到计算机中，希望能通过某同学的学号快速查到成绩，乐乐想帮他编程实现，该怎么实现呢？

输入：

第一行一个整数 n；

第二行 n 个整数，表示学号 $1 \sim n$ 的同学成绩；

第三行，要查询成绩的学号 m。

输出：

一个整数，表示 m 号同学的成绩。

输入样例：

20

98 95 85 86 81 74 82 91 83 64 95 62 75 73 91 88 89 90 76 80

15

输出样例：

91

问题分析

定义数组 a 存储每个同学的成绩，学号对应数组的下标，学号为 m 的同学成绩就是 a[m]。

参考程序

```
1  #include<iostream>
2  using namespace std;
3  int main()
4  {
5      int n,m,a[55];
6      cin>>n;
7      for(int i=1;i<=n;i++)    //利用for循环依次读入数据到数组元素中
8        cin>>a[i];
9      cin>>m;
10     cout<<a[m];       //学号m的同学成绩为a[m]
11     return 0;
12 }
```

例2　编程求 2 ~ n（n 为大于 2 的正整数）中有多少个素数。

输入：整数 n。

输出：一个整数，表示素数的个数。

输入样例：

10

输出样例：

4

问题分析

问题中要求一个范围内的素数，这里介绍一种比较高效的方法——筛选法。其基本思想是：要得到自然数 n 以内的全部素数，只要把不大于 sqrt(n) 的所有素数的倍数筛除，剩下的就是素数。如图 5-2 所示，未被圈选的数字就是素数。筛选法求素数算法流程如图 5-3。

1	2	3	4	5	6	7	8	9	10
11	12	13	14	15	16	17	18	19	20
21	22	23	24	25	26	27	28	29	30
31	32	33	34	35	36	37	38	39	40
41	42	43	44	45	46	47	48	49	50
51	52	53	54	55	56	57	58	59	60
61	62	63	64	65	66	67	68	69	70
71	72	73	74	75	76	77	78	79	80
81	82	83	84	85	86	87	88	89	90
91	92	93	94	95	96	97	98	99	100

图 5-2　100 以内素数

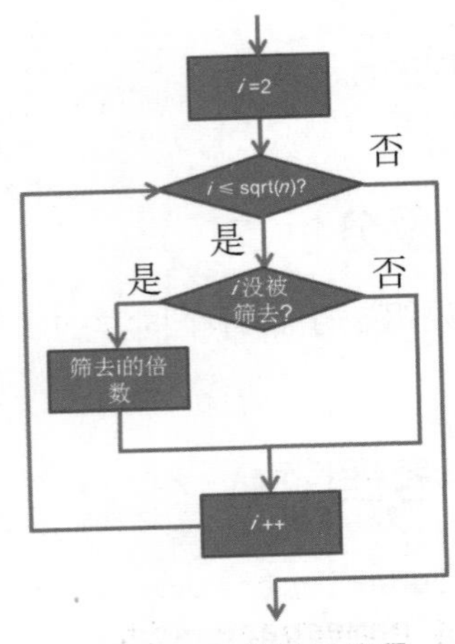

图 5-3　筛选法流程

□ 参考程序 □

```
1  #include<iostream>
2  #include<cmath>
3  using namespace std;
4  int main()
5  {
6       bool  a[100000]={0};    //a[i]表示i是否为素数，初始为0，表示是素数
7       int n,t=0;
8       cin>>n;
9       for(int i=2;i<=sqrt(n);i++)    //依次处理2～ sqrt(n)的每一个数
10       {
11         if(!a[i])                    //a[i]为0，i为素数
12         for(int j=2;i*j<=n;j++)     //将i的倍数标记为1，不是素数
13           a[i*j]=1;
14       }
15       for(int i=2;i<=n;i++)
16          if(!a[i])
17           t++;
18       cout<<t<<endl;
19       return 0;
20 }
```

深入探究

1 逆序输出

输入 n(n<1000) 个整数，然后逆序输出。

输入：第一行整数 n；第二行 n 个整数。

输出：逆序输出，空格分开。

输入样例：

10

1 2 3 4 5 6 7 8 9 0

输出样例：

0 9 8 7 6 5 4 3 2 1

2 分数统计

输入 10 个同学的成绩，统计达到平均分的有多少人。

输入：10 个数，表示 10 个同学的成绩。

输出：达到平均分的人数。

输入样例：

85 90 74 100 92 97 86 70 65 88

输出样例：

7

3 约瑟夫问题

n 个人围成一圈，从第一个人开始报数，数到 m 的人出圈；再由下一个人从 1 开始报数，数到 m 的人出圈……输出依次出圈的人的编号。

输入：n 和 m。

输出：依次出圈的人的编号，一行，空格隔开。

样例输入：

8 5

样例输出：

5 2 8 7 1 4 6 3

交流评价

跟同学、家里人交流一下，通过这节课的学习，你学会解决什么问题，从中学到了用计算机解决问题的什么思想方法。

提示：（1）程序设计中批量数据的存储方式。

（2）用一维数组解决实际问题的方法。

第2课 人机对战

——二维数组

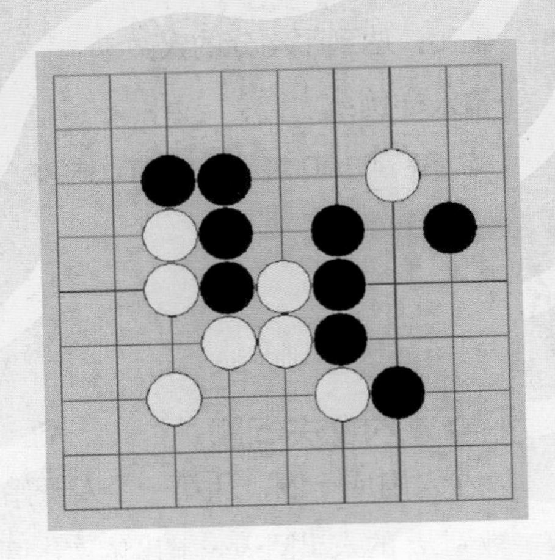

听说科技馆里来了一个对弈机器人，拿过学校围棋比赛冠军的乐乐决定挑战一下机器人。周末，乐乐一大早就来到科技馆，开始和对弈机器人下起棋来，可是下了一上午，乐乐一局也没赢。科技馆里的工作人员告诉乐乐：就连围棋世界冠军也没能战胜智能机器人，因为在机器人的数据库里存储了上千万个棋谱，你走的每一步，机器人都能从数据库中找到制胜的棋局。听完后，乐乐想，机器人的程序中是怎样存储棋谱信息的呢?

为了了解清楚程序中存储棋谱信息的方式，乐乐制订了学习探究活动计划，见表 5-2。

表 5-2 “二维数组”学习探究活动计划

探究内容	学习笔记	完成日期
二维数组定义		
二维数组引用		
二维数组初始化		

根据项目学习计划的安排，通过观看视频、阅读课本等，开展学习探究。

语法学习

二维数组和一维数组一样，也是用来处理大批量、同一类型的数据。如果把一维数组看作一排房间，那么二维数组就可以看作一幢大楼，由若干层组成，每一层又有若干个房间。二维数组的存储结构如图 5-4 所示。

二维数组a

	0	1	2	3	4	5
0	a[0][0]	a[0][1]	a[0][2]	a[0][3]	a[0][4]	a[0][5]
1	a[1][0]	a[1][1]	a[1][2]	a[1][3]	a[1][4]	a[1][5]
2	a[2][0]	a[2][1]	a[2][2]	a[2][3]	a[2][4]	a[2][5]
3	a[3][0]	a[3][1]	a[3][2]	a[3][3]	a[3][4]	a[3][5]
4	a[4][0]	a[4][1]	a[4][2]	a[4][3]	a[4][4]	a[4][5]

图 5-4 二维数组存储结构

1 二维数组定义的格式

类型标识符 数组名 [总行数][总列数];

说明：

（1）类型标识符表示数组元素的数据类型。

（2）数组名的命名规则与变量名的命名规则一致。

2 二维数组元素的引用

二维数组的元素引用与一维数组元素引用类似，区别在于二维数组元素的引用必须给出两个下标。引用的格式为：

数组名 [行下标][列下标]

说明：

（1）下标的最小值为 0，行下标最大值为 (行数 -1)，列下标最大值为 (列数 -1)。

（2）下标可以是整型常量或者任意值为整型的表达式。

（3）只能逐个引用数组元素，不能一次引用整个数组。

（4）数组元素可以像同类型的普通变量一样使用。

例如：int a[2][3];

定义了二维数组 a，共有 2×3=6 个元素，分别是：

a[0][0] a[0][1] a[0][2]

a[1][0] a[1][1] a[1][2]

因此可以看成一个表格，a[1][1] 即表示第 2 行、第 2 列的元素。

二维数组初始化

二维数组初始化与一维数组类似，不同的是需要将每一行数据分开写在各自的 { } 中。

例如：int a[2][3]={{1,1,1},{2,2,2}};

对数组元素全部初始化为 0，可以使用：

memset(数组名，0，sizeof(数组名))

注意：使用 memset 函数要包含头文件 #include<cstring>。

例程学习

例 1　班主任要将班上 n ($n \leqslant 50$) 个同学的 m($m \leqslant 10$) 科成绩按学号依次输入到计算机中，输入某同学的学号，快速查到该同学的各科成绩和总分。乐乐想帮他编程实现，该怎么实现呢?

输入：第一行两个整数 n 和 m；第二行到第 (n+1) 行，每行 m 个整数，表示一个同学的 m 科成绩；第 (n+2) 行，要查询成绩的学号。

输出：一行，(m+1) 个整数，表示查询的 m 科成绩和总分，两数间空格隔开。

输入样例：

```
5 3
90 84 92
80 90 100
95 70 90
85 90 95
95 90 80
4
```

输出样例：

```
85 90 95 270
```

问题分析

定义二维数组 a 存储每个同学的成绩，见表 5-3，每一行存储一个同学的三科成绩，每一列代表一门学科，a[i][j] 就表示学号为 i 的同学的第 j 科成绩。

表 5-3　学生成绩

学号	语文	数学	英语
1	90	84	92
2	80	90	100
3	95	70	90
4	85	90	95
5	95	90	80

参考程序

```
1  #include<iostream>
2  #include<cstring>
3  using namespace std;
4  int main()
5  {
6      int n,m,x,a[55][12];
7      memset(a,0,sizeof(a));          //数组初始化为0
8      cin>>n>>m;
9      for(int i=1;i<=n;i++)           //枚举学号
10       for(int j=0;j<m;j++)          //枚举学科
11       {
12         cin>>a[i][j];
13         a[i][m]+=a[i][j];           //累加求总分
14       }
15     cin>>x;
16     for(int j=0;j<=m;j++)
17       cout<<a[x][j]<<" ";
18     return 0;
19 }
```

例 2 打印杨辉三角形的前 n 行 ($1<n \leqslant 20$)。杨辉三角形如右图：

```
1
1 1
1 2 1
1 3 3 1
1 4 6 4 1
```

输入：一个整数 n。

输出：杨辉三角形的前 n 行 。

■ 问题分析 ■

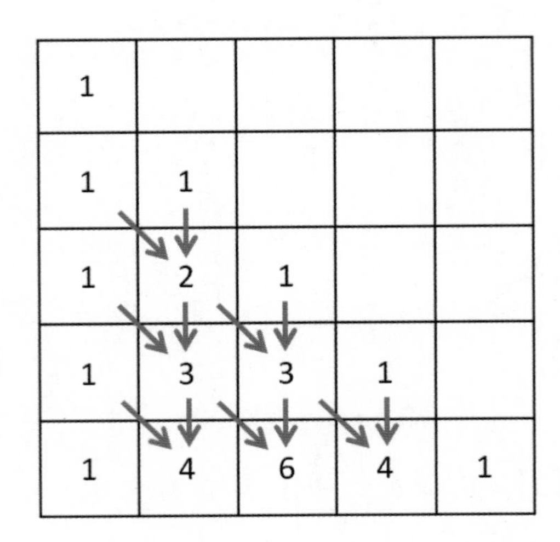

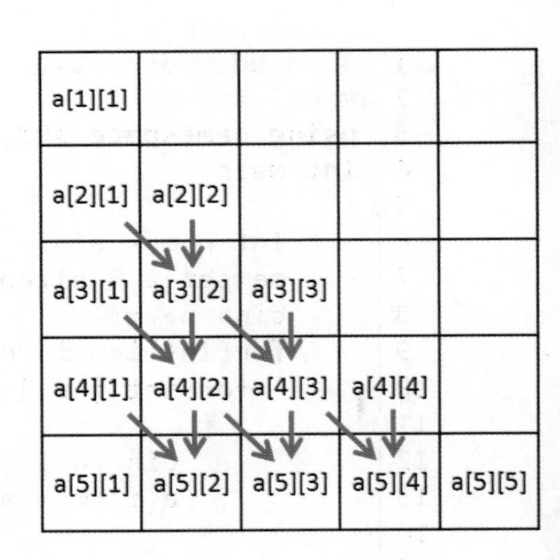

图 5-5 杨辉三角与二维数组元素对照

观察杨辉三角，可以看出，数字是有规律的，每行第一个和最后一个值为 1，其他值为其上方和左上方数字和。定义二维数组 a，用 a[i][j] 存储第 i 行、第 j 列的元素值，由图 5-5 可以看出，每个元素值由其左上方和正上方元素求和得到，即 a[i][j]=a[i−1][j−1]+a[i−1][j]，因此，可以一行一行求出元素值并输出。

参考程序

```
1  #include<iostream>
2  using namespace std;
3  int main()
4  {
5      int n,a[25][25];
6      cin>>n;
7      for(int i=1;i<=n;i++)  //枚举行
8      {
9          a[i][1]=1;             //每行第一个"1"
10         a[i][i]=1;             //每行最后一个"1"
11         for(int j=2;j<i;j++)   //枚举每行中间的每一个数
12           a[i][j]=a[i-1][j-1]+a[i-1][j];
13     }
14     for(int i=1;i<=n;i++)
15     {
16       for(int j=1;j<=i;j++)
17       cout<<a[i][j]<<" ";
18       cout<<endl;              //输出一行后换行
19     }
20 }
```

深入探究

1 蛇形方阵

在 $n\times n$ 的方阵中填入1，2，3，…，$n\times n$（$n<50$），形成如下的蛇形方阵。例如：$n=5$ 的蛇形方阵为：

```
14  13  15  16  1
23  12  24  17  2
22  11  25  18  3
21  10  20  19  4
8   9   7   6   5
```

2 转置矩阵

将一个给定的 $n\times n$ 的矩阵转置，即行列互换。

输入：第一行一个整数 n；第二行开始给出一个 $n\times n$ 的矩阵。

输出：转置后的矩阵。

样例输入：

3

1 2 3

4 5 6

7 8 9

样例输出：

1 4 7

2 5 8

3 6 9

交流评价

跟同学、家里人交流一下，通过这节课的学习，你学会解决什么问题，从中学到了用计算机解决问题的什么思想方法。

提示：（1）程序设计中批量数据的存储方式。

（2）用二维数组解决实际问题的方法。

第3课 智破盗窃案

——字符串

博物馆里发生了盗窃案，警察在作案现场发现了小偷遗失的一个笔记本，除此之外没有其他的线索。然而，警察根本没办法看明白笔记本上的内容，因为这些内容是用加了密的密文写的。经过分析，警察发现了加密规则：每个字母的明文是它后一个字母。利用解密程序，警察很快找到线索，抓到了小偷。

看到这里，乐乐很好奇解密程序是怎么破解密文的。

学习计划

为了学习解密程序的实现方法，乐乐制订了学习探究活动计划，见表5-4。

表5-4 “字符串”学习探究活动计划

探究内容	学习笔记	完成日期
字符串的输入		
字符串的输出		
求字符串长度		

根据项目学习计划的安排，通过观看视频、阅读课本等，开展学习探究。

学习探究

语法学习

字符串是由数字、字母、下划线组成的一串字符，它是编程语言中表示文本的数据类型。字符串可以使用一维字符数组来存储，所有对字符数组的操作同样适用于字符串。此外，字符串作为一个整体，还有一些专有的处理语句。

1 字符串的输入

输入格式：scanf("%s", 字符串名)

说明：scanf 读到空格时就结束一个字符串的输入，若只读入一个字符串，则输入内容中空格后面的部分将不被读入。例如：scanf("%s",s1), 当输入"Guang Zhou" 时，s1 的内容只有 "Guang"，可以用 scanf("%s%s",s1,s2) 将两个词分别读入到字符数组 s1 和 s2 中。

2 字符串的输出

输出格式：printf("%s", 字符串名)

说明：用 %s 格式输出时，printf 的输出项只能是字符串 (字符数组) 名称，不能是数组元素。输出字符串不包括字符串结束标志符 '\0'。

3 求字符串的长度

字符串的长度是指字符串中包含的字符数，可以使用 strlen() 函数得到字符串的长度值，具体格式为：

strlen(字符串名)

注意：使用该函数，必须包含头文件 #include<cstring>。

例程学习

例 1 镜面游戏

乐乐和佳佳正在玩一个有趣的镜面游戏：一个人说一个句子，另一个人反向写出这个句子的每一个字符，就像从镜子里看到的这句话，写对可以得分并继续答题，写错换另一人答题。乐乐想写一个程序帮他得更多的分，你能帮他完成这个任务吗?

输入：一个句子。

输出：句子包含的字符数和反转后的句子。

输入样例：

How are you?

输出样例：

12

?uoy era woH

问题分析

可以使用字符型一维数组存储句子，依次读入每一个字符并存储到字符数组中，再把数组反向输出即可。

参考程序

```
1  #include<cstdio>
2  int main()
3  {
4      char x,s[1000];
5      int len=0;
6      scanf("%c",&x);
7      s[0]=x;
8      while(x!='\n')  //读入到换行符结束
9      {
10       scanf("%c",&x);
11       s[++len]=x;    //将读入的字符依次存入到s中
12     }
13     printf("%d\n",len);
14     for(int i=len-1;i>=0;i--)  //反向输出
15       printf("%c",s[i]);
16     return 0;
17 }
```

例2　标题统计

给出一篇文章的标题，请统计其中有多少个字符。

注意：标题中可能包含大、小写英文字母、数字字符、空格和换行符。统计标题字符数时，空格和换行符不计算在内。

输入：一行，一个字符串 s（s 的长度不超过 100）。

输出：一行，包含一个整数，即标题的字符数（不含空格和换行符）。

输入样例 1：

China

输出样例 1：

5

输入样例 2：

Hello 2019

输出样例 2：

9

问题分析

设变量 t 存储标题的字符数。使用 scanf 直接读入字符串 s，遇到空格结束读取，s 中不包含空格和换行符，再使用 strlen() 函数计算 s 的长度并累加到 t 中。这里，读取的字符串 s 的个数不确定，前面介绍过用 while 实现不确定数量数据的输入，对于字符串同样适用。输入完毕后先按 Enter 键，再按 Ctrl+Z 键，最后按 Enter 键，即可结束输入。

参考程序

```
1  #include<cstdio>
2  #include<cstring>
3  int main()
4  {
5      char s[105];
6      int t=0;
7      while(scanf("%s",s)==1)
8         t+=strlen(s);
9      printf("%d\n",t);
10     return 0;
11 }
```

深入探究

1 加密程序

乐乐总是爱把自己的一些重要信息加密以后记录下来，这样既不怕忘记，又不用担心别人看到。他设计的加密规则是：把字母变成其下一字母（如 a 变成 b，z 变成 a），其他字符不变。请你帮他编写一个加密程序。

输入：一行字母。

输出：加密处理后的字符。

输入样例：

ab

输出样例：

bc

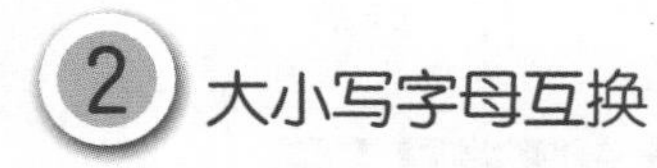

2 大小写字母互换

把一个字符串（字符串长度小于 80）中所有出现的大写字母都替换成小写字母，出现的小写字母都替换成大写字母。

输入：一行，待转换的字符串。

输出：一行，完成互换的字符串。

样例输入：

abcABC

样例输出：

ABCabc

3 判断回文

所谓“回文”，是指一个字符串从左向右读与从右向左读是完全一样的，例如 12321、ABCBA、AA 等。输入一串字符，字符个数不超过 100，且以“#”结束，判断是否构成回文，如果是，输出 yes，否则输出 no

输入：一串字符，以“#”结束。

输出：yes 或者 no。

样例输入

12321#

样例输出

yes

交流评价

跟同学、家里人交流一下，通过这节课的学习，你学会解决什么问题，从中学到了用计算机解决问题的什么思想方法。

提示：（1）程序设计中字符数据的处理方式。

（2）用字符串解决实际问题的方法。

第 4 课　改错好帮手

——字符串常用函数

乐乐的好朋友佳佳来找乐乐，他写了几个程序都不能运行，让乐乐帮他找错误。乐乐一看，原来马虎的佳佳把程序中的“for”都写成了“fro”。乐乐使用 Dev C++ 中的搜索替换功能，一下子就把所有的错误都修改过来了。佳佳惊奇地问乐乐：真是个改错好帮手，这个程序是怎么实现的呢？

为了了解搜索替换程序的实现原理，乐乐制订了学习探究活动计划，见表 5-5。

表 5-5　“字符串常用函数”学习探究活动计划

探究内容	学习笔记	完成日期
字符串连接函数		
字符串复制函数		
字符串比较函数		

根据项目学习计划的安排，通过观看视频、阅读课本等，开展学习探究。

语法学习

系统提供了一些字符串处理函数，可以方便地进行一些字符串的运算，使用这些函数要包含 cstring 头文件。常用的字符串函数见表 5-6。

表 5-6　字符串常用函数

函数格式	函数功能	实例
strcat(s1,s2)	将 s2 连接到 s1 后面，返回 s1 的值。	s1="abc"; s2="defg"; strcat(s1, s2); 执行后 s1 为“abcdefg”
strncat(s1,s2,n)	将 s2 前 n 个字符连接到 s1 后面，返回 s1 的值。	s1="abc"; s2="defg"; strncat(s1, s2, 2); 执行后 s1 为“abcde”
strcpy(s1,s2)	将 s2 复制到 s1，返回 s1 的值。	s2="abcdef"; strcpy(s1, s2); 执行后 s1 为“abcdef”
strncpy(s1,s2,n)	将 s2 前 n 个字符复制到 s1，返回 s1 的值。	s2="abcdef"; strncpy(s1, s2, 3); 执行后 s1 为“abc”
strcmp(s1,s2)	比较 s1 和 s2 的大小，比较的结果由函数返回； 如果 s1>s2，返回一个正整数； 如果 s1=s2，返回 0； 如果 s1<s2，返回一个负整数；	s1="bcd"; s2="abc"; strcmp(s1, s2) 返回值为 1
		s1="abc"; s2="abc"; strcmp(s1, s2) 返回值为 0
		s1="abc"; s2="bcd"; strcmp(s1, s2) 返回值为 -1

续表 5-6

函数格式	函数功能	实例
strncmp(s1,s2,n)	比较 s1 和 s2 的前 n 个字符，函数返回值的情况同 strcmp 函数；	s1="abcde"; s2="abccc"; strncmp(s1, s2, 4) 返回值为 1
		s1="abcde"; s2="abccc"; strncmp(s1, s2, 3) 返回值为 0
		s1="abc"; s2="bcd"; strcmp(s1, s2, 1) 返回值为 -1
strlen(s)	计算 s 的长度，终止符'\0'不算在长度之内	s="abcdef"; strlen(s) 的值为 6
strlwr(s)	将 s 中大写字母换成小写字母	s="ABcd"; strlwr(s); 执行后 s 为"abcd"
strupr(s)	将 s 中小写字母换成大写字母	s="ABcd"; strupr(s); 执行后 s 为"ABCD"

例程学习

例 1 单词统计

输入若干个以空格分隔的英文单词，统计单词的数量并输出最长的单词。单词最长不超过 30 个字母。

输入：若干个以空格分隔的英文单词 。

输出：单词的数量和最长的单词。

输入样例：

red blue orange green

输出样例：

4

orange

问题分析

单词间空格分隔，可以使用 scanf 读入字符串 s1，实现每次读入一个单词并计数，以统计单词的数量。设 *len* 记录当前找到的最长单词的长度，s2 存储当前找到的最长单词。

初始时 *len*=0，当出现一个新的最长单词时，更新 *len* 和 s2，读入结束后的 len 和 s2 即为所求。

参考程序

```
1  #include<cstdio>
2  #include<cstring>
3  int main()
4  {
5      char s1[50],s2[50];
6      int len=0,t=0;
7      while(scanf("%s",s1)==1)
8      {
9          t++;
10         if(len<strlen(s1))
11         {
12           len=strlen(s1);      //更新当前最长值
13           strcpy(s2,s1);       //更新当前最长单词
14         }
15     }
16     printf("%d\n",t);
17     printf("%s",s2);;
18     return 0;
19 }
```

例 2　智力游戏

乐乐正在玩一个智力游戏：将给出的两个正整数连接成一个新的整数，得分就是新生成的整数，他每次都想得到尽量多的分数，你能编程帮他实现吗?

输入：两个正整数(空格隔开)。

输出：一个整数，表示两数连接后形成的较大数。

输入样例：

456 73

输出样例：

73456

问题分析

解决这个问题，可以转化一下思路，把两个整数看成两个字符串 s1 和 s2，使用字符串连接函数方便地将两数连接成 s1s2 和 s2s1，再利用字符串比较函数进行比较，输出较大的即可。

参考程序

```
#include<cstdio>
#include<cstring>
int main()
{
    char s1[100],s2[100],s3[100];
    scanf("%s%s",s1,s2);
    strcpy(s3,s1);
    strcat(s1,s2);  //生成的新数在s1中
    strcat(s2,s3);  //生成的新数在s2中
    if(strcmp(s1,s2)>0)
      printf("%s",s1);
    else
      printf("%s",s2);
    return 0;
}
```

深入探究

1 乐乐的作业

乐乐写完一句话后发现把一个英语单词拼写错了，他想知道错误单词一共出现了几次，并且全部自动改正成正确的单词，你能编程帮他解决这个问题吗?

输入：第一行包含若干个单词，第二行两个单词，分别表示错误单词和正确写法。

输出：第一行一个整数，表示错误单词出现的次数；第二行，改正后的句子。

输入样例：

A big blak bear sat on a big blak bug

blak black

输出样例：

2

A big black bear sat on a big black bug

2 电子密码锁

有一种电子密码锁，不需要钥匙，只要输入正确的密码，就能开门。假设输入密码没有次数限制（密码通常为 8 个字符，预置密码为“Home#123”）。请你编写一个程序，模

拟开门过程：用户尝试输入密码，直到自己要求结束或者密码正确。

输入：包含若干行尝试登录信息，每一次尝试对应两行或一行输入：第一行，一个字符“Y”或“N ”，表示是否继续输入，若第一行为“Y”，则还需要输入第二行的八位字符，即要尝试的密码。

输出：密码是否正确的提示信息“Success”或“Sorry”。

输入样例：

Y

Home1234

Y

#Home123

N

输出样例：

Sorry

Sorry

交流评价

跟同学、家里人交流一下，通过这节课的学习，你学会解决什么问题，从中学到了用计算机解决问题的什么思想方法。

提示：用字符串常用函数解决实际问题的方法。

第六章
函数递归

第1课　大事化小

——函数

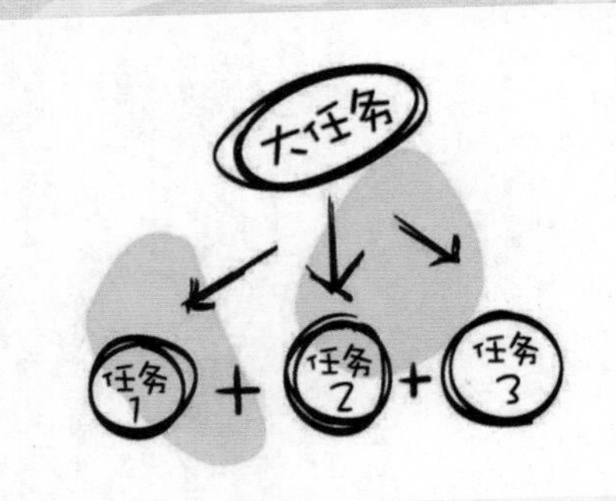

学习了编程以后，乐乐喜欢关注生活中程序的应用。他发现，小到电脑软件、手机APP，大到地铁控制系统、火箭发射系统，处处都离不开程序。乐乐问爸爸："那些控制地铁、火箭的复杂程序，也是像我平时编写的程序那样吗？那要编写多少代码才能实现呀？"爸爸告诉乐乐："这些大型的程序，可不是一个人能完成的，需要很多程序员共同开发，每个程序员编写实现某个功能的程序段，最后合在一起就形成了能解决复杂问题的大程序了。"乐乐想不通，不同的程序员编写的不同的程序段是怎样合在一起的呢？

学习计划

为了学习解决复杂问题程序的实现方式，乐乐制订了学习探究活动计划，见表6-1。

表6-1　"函数"学习探究活动计划

探究内容	学 习 笔 记	完成日期
函数的功能		
函数定义格式		
函数调用方法		
模块化编程思想		

根据项目学习计划的安排，通过观看视频、阅读课本等，开展学习探究。

语法学习

生活中，当我们遇到一个复杂的问题时，为了方便解决，常常会把问题分解成一些简单的小问题，解决了每个小问题，复杂问题也就迎刃而解了。在编程解决问题时，也可以借鉴这种思想，把大的问题分解成小问题，编写出解决各个小问题的程序，通过调用这些程序解决整个问题。

在 C++ 中，这些解决小问题的程序被定义为函数，任何一个 C++ 程序都是由一个或者多个“函数”组成。我们前面写过的程序都有一个 main 函数，称之为“主函数”，C++ 程序必须有且只能有一个 main 函数，由 main 函数调用其他函数来完成要解决的问题。每个函数是一段相对独立的代码，可以看成实现某一具体、完整功能的模块。问题的解决过程由不同的模块构成，这种模块化思想不仅便于程序编写和调试，实现多人分工合作，提高程序开发效率，而且当一段代码需要多次执行时，可以减少重复代码的编写。

C++ 提供了很多常用的系统函数，例如我们学习过的求算术平方根函数 sqrt()、字符串常用函数等。我们还可以根据实际需要，自己编写实现某一功能的函数。

函数的定义

在 C++ 中，自定义函数必须先定义，后使用。其定义格式如下：

```
数据类型 函数名(形式参数表)
{
 函数体
}
```

说明：

(1) 数据类型是函数返回值的类型，有些函数的功能是执行一系列操作，不返回任何值，其返回值类型为 void。

(2) 函数名除了主函数名必须是 main，其余自定义函数可以按照标识符的命名规则自由选取，建议选取能够体现函数功能的名字。

(3) 形式参数(形参)表是函数被调用时，向函数传递的各种参数，参数数量不限，多个参数间用逗号隔开，不管有无参数，函数名后的( )必须有。形式参数表要说明参数的数据类型和参数名。

（4）函数体是实现函数功能的具体执行语句，根据需要自行编写。如果函数有返回值，那么函数体中至少包含一条“return 表达式”语句，“表达式”的值即为函数返回值。函数在执行过程中，一旦遇到 return 语句，就立刻退出函数。

例如：

```
int f(int x,int y)
{
    return x*x+y*y;
}
```

定义函数 f 返回值是整型，有两个整型的形式参数 x 和 y，返回两个参数的平方和。

2 函数的调用

在程序中对函数的使用称为函数的调用。函数只有在被调用时才会执行。调用格式为：

函数名（实际参数表）

说明：

实际参数（实参）表必须与函数定义时形参表的参数个数、顺序、数据类型一一对应。因为实参是传递给形参的具体值，所以实参应具有确定的值。

例如：

```
int a,b;
cin>>a>>b;
cout<<f(a,b);
```

输入两个整数 a、b，调用 f 函数并输出返回值。函数调用时，实参 a、b 将值对应地传递给形参 x、y，计算并返回两数的平方和。

例 1　哥德巴赫猜想

伟大的哥德巴赫猜想是：任何一个大于 6 的偶数总可以分解为两个素数之和。请你编程验证哥德巴赫猜想，即输入一个大于 6 的偶数 n，将其分解为两个素数之和输出。如果有多种分解方案，输出第一个数最小的方案。

输入：一个大于 6 的偶数 n。

输出：一个表达式，表示题目要求的分解方案。

输入样例：

14

输出样例：

14=3+11

问题分析

设其中一个加数为 i，枚举 i，存在 i 和 $n-i$ 均为素数即符合哥德巴赫猜想，问题转化为素数判定问题，将素数判定定义为函数 prime，方便对 i 和 $n-i$ 分别判定。

参考程序

```
1  #include<iostream>
2  #include<cmath>
3  using namespace std;
4  bool prime(int x)  //函数返回bool值，素数返回1，非素数返回0
5  {
6    if(x==1)  return 0; //非素数，返回0，结束函数
7    for(int j=2;j<=sqrt(x);j++)
8     if(x%j==0)  return 0; //非素数，返回0，结束函数
9    return 1;//执行到这里，说明未执行前面return 0，是素数，返回1
10 }
11
12 int main()
13 {
14     int n;
15     cin>>n;
16     for(int i=2;i<=n/2;i++)
17      if(prime(i)&&prime(n-i))  //函数调用
18        {
19           cout<<n<<"="<<i<<"+"<<n-i;
20           break;
21        }
22     return 0;
23 }
```

例 2　三角形的面积

给出三角形的三条边长，输出三角形的面积。（保留小数点后 2 位）

输入：三条边长。

输出：三角形面积。

输入样例：

3 4 5

输出样例：

6.00

问题分析

已知三角形三条边求面积，可以利用第二章中学过的海伦公式，将计算三角形面积定义为函数。

参考程序

```
1  #include<cstdio>
2  #include<cmath>
3  double area(double x,double y,double z) //函数定义
4  {
5      double p=(x+y+z)/2;
6      return sqrt(p*(p-x)*(p-y)*(p-z));
7  }
8
9  int main()
10 {
11     double a,b,c;
12     scanf("%lf%lf%lf",&a,&b,&c);
13     printf("%0.2lf",area(a,b,c));   //函数调用
14     return 0;
15 }
```

深入探究

1 统计素数

求 2 ~ n（n 为大于 2 的正整数）中有多少个素数。

输入：一个整数 n.

输出：n 以内素数的个数。

输入样例：

10

输出样例：

4

最大值函数

求三个数中的最大数用函数 max(x,y,z) 表示，已知 m=max(a,b,c)/[max(a+b,b,c)*max(a,b,b+c)]。

请定义函数 max(x,y,z)，输入三个整数 a、b、c，求 m（保留小数点后两位）。

输入：三个整数 a、b、c。

输出：m 的值。

输入样例：

1 2 3

输出样例：

0.20

3 统计闰年

输入两个年份 x 和 y，统计并输出公元 x 年到公元 y 年之间的所有闰年数（包括 x 年和 y 年）。

输入：一行两个正整数，分别表示 x 和 y。

输出：一行一个正整数，表示公元 x 年到公元 y 年之间的所有闰年数。

输入样例：

1998 2004

输出样例：

2

交流评价

跟同学、家里人交流一下，通过这节课的学习，你学会解决什么问题，从中学到了用计算机解决问题的什么思想方法。

提示：（1）模块化编程思想。

（2）用函数解决实际问题的方法。

第2课 兔子王国

——递推

在乐乐于六一儿童节看的动画片中，月球背面的兔子王国是这样繁殖的：第一个月只有一对刚出生的小兔子，第二个月小兔子变成大兔子并开始怀孕，第三个月大兔子会生下一对小兔子，并且以后每个月都会生下一对小兔子。如果每对兔子都经历这样的出生、成熟、生育的过程，并且兔子永远不死，那么这个兔子王国兔子的总数会变成多少？

乐乐乐了，这看起来是一个复杂的问题。他画出了图6-1，你能帮他找出规律吗？

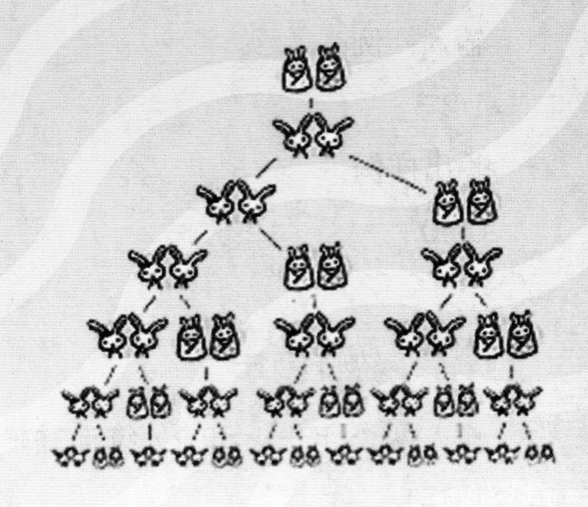

图6-1 兔子繁殖

为了学习递推，乐乐制订了学习探究活动计划，见表6-2。

表6-2 学习探究活动计划

探究内容	学习笔记	完成时间
递推的基本思想		
递推的程序实现方法		

根据学习计划的安排，通过观看视频、阅读课本等，开展学习探究。

知识学习

递推思想是用计算机解决问题的常用思维方法，是指用若干步可重复的简单运算（或规律）来描述复杂问题的方法。其方法是按照规律逐次推算出下一步的结果。难点是找出递推的规律，写出递推的式子。

例程学习

例1　植树节来了，乐乐班的5个同学参加了植树活动，他们完成植树的棵数都不相同。当乐乐问5号同学植了多少棵时，5号同学指着旁边的4号同学说比他多植了两棵；追问4号同学，他又说比3号同学多植了两棵…… 每个人都说比另一个同学多植2棵。当问到1号同学时，他说自己植了10棵。那么，5号同学植了多少棵树？

问题分析

从1号同学植树的棵数a_1入手，根据“多2棵”这个规律，可以逐步进行推算：

（1）$a_1=10$;

（2）$a_2=a_1+2=12$;

（3）$a_3=a_2+2=14$;

（4）$a_4=a_3+2=16$;

（5）$a_5=a_4+2=18$。

参考程序

```
1 #include<iostream>
2 using namespace std;
3 int main()
4 {
5     int a,b;
6     a=10;
7     for (int i=1;i<=4;i++)
8       a=a+2;
9     cout<<a;
10 }
```

例 2　上文中的兔子繁殖问题，兔子的数量组成了意大利数学家斐波那契提出的斐波那契数列。该数列指的是这样一个数列：0，1，1，2，3，5，8，13，21，34，55，89，144，233，377，610，987，1597，2584，4181，6765，10946，17711，28657，46368…… 这个数列从第 3 项开始，每一项都等于前两项之和。求斐波那契数列（0，1，1，2，3，5，8……）的第 n 项（$n \geqslant 3$）。

输入：n。

输出：斐波那契数列第 n 项

问题分析

设 $f_1=0$，$f_2=1$，则 $f_n=f_{n-1}+f_{n-2}(n \geqslant 3)$，从第 3 项开始，都是前两项之和，逐步递推得到结果。

参考程序

```
 1 #include<iostream>
 2 using namespace std;
 3 int main()
 4 {
 5     long long n,a[50];
 6     cin>>n;
 7     a[1]=0;
 8     a[2]=1;
 9     for (int i=3;i<=n;i++)
10         a[i]=a[i-1]+a[i-2];
11     cout<<a[n]<<endl;
12     return 0;
```

例 3　n 的阶乘为 1 至 n 的连乘之积：

1！=1

2！=1×2=2

3！=1×2×3=6

$4!=1\times2\times3\times4=24$

……

$n!=1\times2\times\cdots\cdots\times n$

输入n，求$n!$的值。

□ 参考程序 □

```
1 #include<cstdio>
2 int main()
3 {
4       int n;
5       long long s=1;
6       scanf("%d",&n);
7       for(int i=1;i<=n;++i)
8         s*=i;
9       printf("%lld",s);
10 }
```

深入探究

① “斐波那契数列”

网上搜索“斐波那契数列”，了解大自然植物中有趣的斐波那契数列现象。

② 猴子吃桃

猴子第一天摘下若干个桃子，当即吃了一半，还不过瘾，又多吃了一个。第二天早上又将剩下的桃子吃掉一半，又多吃一个。以后每天早上都吃了前一天剩下的一半零一个。到第n天早上想再吃时，只剩下一个桃子了。求第一天共摘多少桃子。

输入n，输出桃子总数。

样例输入：

10

样例输出：

1534

3. 打印杨辉三角形。

交流评价

跟同学、家里人交流一下，通过这节课的学习，你学会解决什么问题，从中学到了用计算机解决问题的什么思想方法。

提示：（1）递推的基本思想。

（2）递推的程序实现方法。

第3课　汉诺塔

——递归

乐乐的同学有一个益智游戏，叫汉诺塔游戏：有n个圆盘，依半径从大到小（半径都不相同），自下而上套在a柱上，还有两个柱子b柱和c柱。要让圆盘通过在三根柱子间移动，最终按半径从大到小，自下而上套在c柱上。每次只允许移动最上面一个盘子到另外的柱子上去，必须保持大盘在下，小盘在上的状态。求将a柱上n个圆盘移到c柱上一共要经过多少次移动。

图6-2　汉诺塔游戏

同学求助乐乐编程一个游戏攻略，把每个步骤打印出来，就可以按照步骤完成游戏了。

学习计划

为了学习递归，乐乐制订了学习探究活动计划，见表6-3。

表6-3　学习探究活动计划

探究内容	学习笔记	完成时间
用递归解决问题的条件和方法		
用递归解决问题		

根据学习计划的安排，通过观看视频、阅读课本等，开展学习探究。

知识学习

递归是计算机解决问题的常用策略方法。通俗来说就是自己调用自己，在程序中体现为函数自己调用自己。

递归算法的思想是把一个“大问题”转换为规模较小且与原问题相似的“小问题”，当规模为最小的一个或几个值时能直接得出解，再从这些“小问题”的解构造出“大问题”的解。

递归算法解决问题的特点：

(1) 递归就是在过程或函数里调用自身。

(2) 在使用递归算法时，必须要有一个明确的递归结束条件，称为递归出口。

(3) 递归算法解题通常显得很简洁，递归的运行效率较低，容易造成栈溢出问题。

例程学习

例 1 求斐波那契数列（0，1，1，2，3，5，8……）的第 n 项（$n \geqslant$）

输入：n。

输出：斐波那契数列第 n 项。

问题分析

$f_1=0$

$f_2=1$

$f_n=f_{n-1}+f_{n-2}(n \geqslant 3)$

因为从第 3 项开始，f_n 是前两项（f_{n-1}、f_{n-2}）之和，所以可以把 f_n 分解为求 f_{n-1}、f_{n-2} 这两个小问题，递归终结条件为当 $n=1$ 时 $f=0$，当 $n=2$ 时 $f=0$。

■ 参考程序 ■

```
1 #include<iostream>
2 using namespace std;
3 int fib(int n)
4 {
5     if(n==1) return 0;
6     if(n==2) return 1;
7     return fib(n-1)+fib(n-2);
8 }
9 int main()
10 {
11    int n;
12    cin>>n;
13    cout<<fib(n);//也可写成printf("%d",fib(n));
14    return 0;
15 }
```

例2　$n!=n\times(n-1)\times(n-2)\times\cdots\times1(n>0)$，其对应的阶乘为：1、2、6、24、120、720……，给出n，求n！的值

■ 问题分析 ■

阶乘用数学式子表示就是：

$$n!=\begin{cases}1 & (n=1)\\ n\times(n-1)! & (n>1)\end{cases}$$

我们可以用递推的方法实现，也可以用递归的方法实现。

■ 参考程序 ■

```
1 #include<iostream>
2 using namespace std;
3 long long jc(int n)
4 {
5     if(n==1) return 1;
6     return jc(n-1)*n;
7 }
8 int main()
9 {
10    int n;
11    cin>>n;
12    cout<<jc(n);
13    return 0;
14 }
```

递归函数的执行过程总是先通过递归关系不断地缩小问题的规模，直到简单到可以作为特殊情况处理而得出直接的结果，再通过递归关系逐层返回到原来的数据规模，最终得出问题的解。

以上面求阶乘数列的函数 $f(n)$ 为例。如当求 $f(3)$ 时，由于 3 不是特殊值，因此需要计算 $3\times f(2)$，但 $f(2)$ 是对它自己的调用，于是再计算 $f(2)$；2 也不是特殊值，需要计算 $2\times f(1)$，需要知道 $f(1)$ 的值，再计算 $f(1)$；1 是特殊值，于是直接得出 $f(1)=1$。返回上一步，得 $f(2)= 2\times f(1)=2$，再返回上一步，得 $f(3)= 3\times f(2)=6$，从而得最终解。图 6-3 描述的就是求阶乘 $f(3)$ 的执行过程。

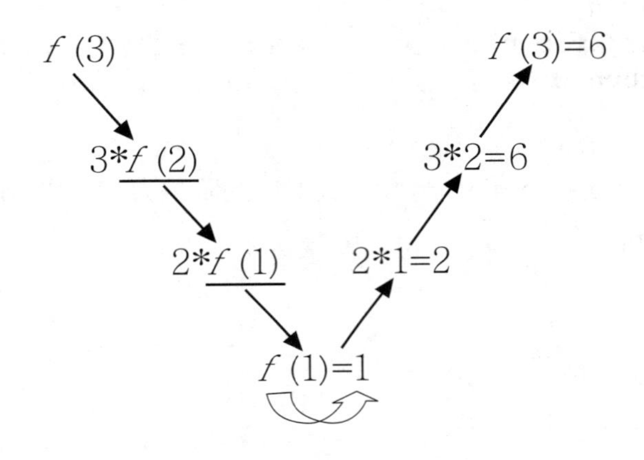

图 6-3　求阶乘 $f(3)$ 的执行过程

例 3　汉诺塔游戏

■ 问题分析 ■

汉诺塔问题有以下几个限制条件：

（1）在小圆盘上不能放大圆盘。

（2）在三根柱子之间每次只能移动一个圆盘。

（3）只能移动在最顶端的圆盘。

我们可以从简单的例子开始分析，然后再总结出一般规律。

（1）$n = 1$，即只有一个盘子，那么直接将其移动至 c 即可。移动过程就是 a → c。

（2）$n = 2$，有两个盘子，我们需要借助 b 柱，将其作为过渡的柱子，把 a 柱最上面的那个小圆盘移至 b 柱，然后将 a 柱底下的圆盘移至 c 柱，最后将 b 柱的圆盘移至 c 柱。完整移动过程就是 a → b，a → c，b → c，如图 6-4 所示。

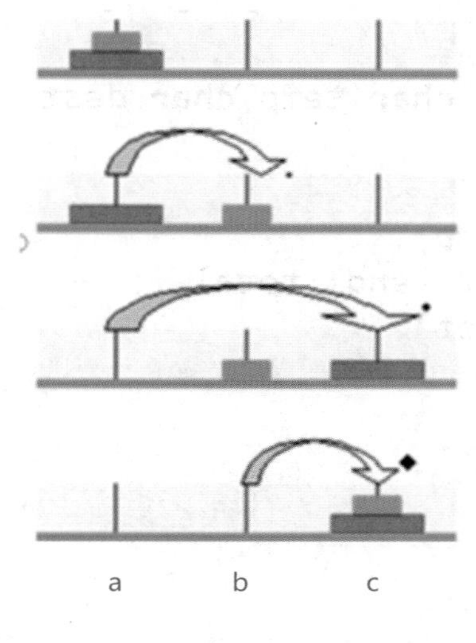

图 6-4　2 个盘子移动过程

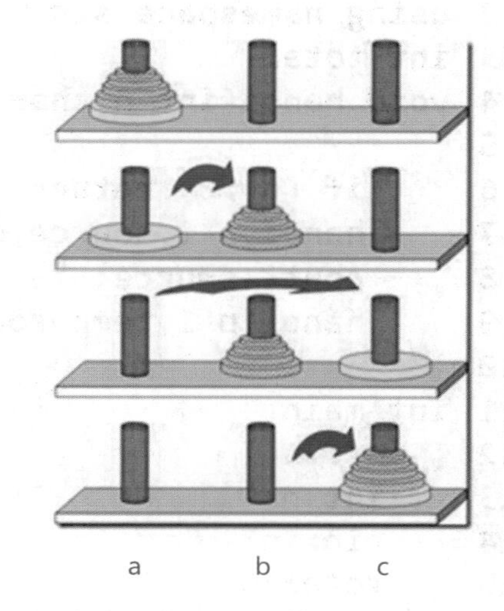

图 6-5　n 个盘子移动过程

（3）当 $n=3$ 时，方法如下：

① 把 a 柱上的 2 个盘子（看成整体）移至 B 柱（递归）。

② 把 a 柱上的最大的盘子移至 c 柱。

③ 把 b 柱上的 2 个盘子移至 c 柱（看成整体）移至 c 柱（递归）。

（4）推广到 n 个盘子，如图 6-5 所示，方法如下：

①把 a 柱上的 $n-1$ 个盘子移至 b 柱（转换为把 $n-1$ 个盘子从 a 柱移到 b 柱，递归完成）。

②把 a 柱上的最大的盘子移至 c 柱。

③把圆 b 柱上的 $n-1$ 个盘子移至 c 柱（转换为把 $n-1$ 个盘子从 b 柱移到 c 柱，递归完成）。

参考程序

```
#include<iostream>
using namespace std;
int total;
void hanoi(int n,char source,char temp,char dest)
{
    if (n==0) return  ;
    hanoi(n-1,source,dest,temp);
    cout<<source<<"-->"<<dest<<endl;total++;
    hanoi(n-1,temp,source,dest);
}
int main()
{
   int n;
   cin>>n;
   total=0;
   hanoi(n,'a','b','c');
   cout<<total<<endl;
   return 0;
}
```

注意：例程中 total 定义为全局变量。在 main 和 hanoi 函数都可以调用。hanoi(int n,char source,char temp,char dest) 的四个参数意义为：把 n 个盘子从源柱 source 移动到目标柱 dest（借助 temp 柱）。

当 n=3 时，共 7 步，输出步骤如下：

a → c

a → b

c → b

a → c

b → a

b → c

a → c

7

汉诺塔的步数

3 个盘子，需移动 7 步；4 个盘子，需移动 15 步；5 个盘子，需移动 31 步……n 个盘子，需（2^n-1）步。64 个盘子，需要 18446744073709551615 步。如果移动一个盘子需要 1 秒钟，大约需要 5800 亿年，而现在宇宙年龄大约是 150 亿年。

2 幂次方

任何一个正整数都可以用 2 的幂次方表示。例如 :$137=2^7+2^3+2^0$。在这里，我们约定次方用括号来表示，即 a^b 可表示为 $a(b)$。由上面叙述可知：137 又可以表示为 2(7)+2(3)+2(0)。进一步：$7=2^2+2^1+2^0$=2(2)+2+2(0)(2^1 用 2 表示)，$3=2+2^0$=2+2(0)。因此，137 可表示为：2(2(2)+2+2(0))+2(2+2(0))+2(0)。又如：$1315=2^{10}+2^8+2^5+2+1$，1315 最后可表示为 :2(2(2+2(0))+2)+2(2(2+2(0)))+2(2(2)+2(0))+2+2(0)。

输入：一个正整数 n ($n \leqslant 20000$)。

输出：一行，符合约定的 n 的 0，2 表示（表示中不能有空格）。

输入样例：

137

输出样例：

2(2(2)+2+2(0))+2(2+2(0))+2(0)

交流评价

跟同学、家里人交流一下，通过这节课的学习，你学会解决什么问题，从中学到了用计算机解决问题的什么思想方法。

提示：（1）用递归解决问题的条件和方法。

（2）递归的思想方法。

第 4 课　大数据时代

——文件

乐乐帮老师编程处理分析成绩数据，程序从键盘上输入数据，运行结果在屏幕上显示。但是每次测试运行程序，数据量多，例如输入一个班 50 个同学的成绩，数据反复输入就会不胜其烦，结果只输出到屏幕，也难以进行存储和后期进一步处理。广东省一年参加高考人数达 70 多万，用计算机完进行绩统计，基本都是从文件里读入数据，结果输出到文件里的。所以他想，要是能学会用文件输入和输出，那该多方便啊。

为了学习文件，乐乐制订了学习探究活动计划，见表 6-4。

表 6-4　学习探究活动计划

探究内容	学习笔记	完成时间
如何建立文本文件		
如何用文本文件读写数据		

根据学习计划的安排，通过观看视频、阅读课本等，开展学习探究。

语法学习

1 什么是文本文件

大数据时代，从各种平台途径采集到的各种信息、数据格式有很多种（例如视频、音频、图像、文本等），通常以文件形式存放，人们开发了各种系统进行数据处理。文本文件是程序设计（含信息学奥赛）中最常用的文件形式。

文本文件是存储英文、数字、汉字（包含各种可见标点符号）等字符的文件，不含其他格式控制符。它默认的扩展名为“.txt”，可以用“记事本”软件直接打开的。

可以按 Windows 右键创建文本文件，如图 6-6 所示。

图 6-6　创建文本文件方法

在 Windows 系统下，默认是不显示文件扩展名的，创建的文本文档默认扩展名是“.txt”。我们也可以在显示文件扩展名状态下，把 .txt 文本文件改为信息学竞赛指定的扩展名，例如“.in”“.out”。

2 C++ 文本文件的输入输出基本方法

例程学习

输入两个整数，输出它们的和（add.cpp）。

输入：文件（add.in）。一行，两个整数，用一个空格隔开。

输出：文件（add.out）。一行，相加的和。

参考程序：

```
1 #include<iostream>
2 #include<cstdio>
3 using namespace std;
4 int main()
5 {
6     freopen("add.in","r",stdin);     //r:Read，读文件
7     freopen("add.out","w",stdout); //w:Write，写入文件
8     int a,b;
9     cin>>a>>b;
10    cout<<a+b<<endl;
11    return 0;
12 }
```

注意：

（1）必须调用 cstdio 库。

（2）如果中途要调试程序，把 freopen 那两条语句用“//”注释掉，就可以恢复成从键盘输入，输出到屏幕了。

深入探究

（1）尝试把以前的程序改为从文件输入，输出到文件。

（2）尝试编写自己的加密日记本。

交流评价

跟同学、家里人交流一下，通过这节课的学习，你学会解决什么问题，从中学到了用计算机解决问题的什么思想方法。

提示：（1）建立文本文件的方法。

（2）用文本文件输入输出的基本方法。